建筑智能化概论

主　编　油　飞　马晓雪　叶　巍
副主编　王晓彤　齐云霞　王雪琴
　　　　王　哲　罗　舒　汪小平
主　审　陈亚娟

北京理工大学出版社
BEIJING INSTITUTE OF TECHNOLOGY PRESS

内 容 提 要

　　本书以最新的建筑智能化技术为理论指导，以现行标准为依据进行编写。全书共分为8个模块，主要内容包括：智能建筑认知、认识计算机网络技术、建筑设备监控管理系统、安全防范系统、综合布线系统、消防系统、认识通信网络系统和办公自动化系统等。

　　本书可作为高等院校土木工程类相关专业的教材，也可作为从事建筑工程的工程技术管理人员的培训及参考用书。

图书在版编目（**CIP**）数据

　　建筑智能化概论 / 油飞，马晓雪，叶巍主编. -- 北京：北京理工大学出版社，2024.2
　　ISBN 978-7-5763-3574-3

　　Ⅰ.①建⋯　Ⅱ.①油⋯②马⋯③叶⋯　Ⅲ.①智能化建筑－自动化系统－高等学校－教材　Ⅳ.①TU855

　　中国国家版本馆CIP数据核字（2024）第040473号

责任编辑：李　薇		**文案编辑**：李　薇	
责任校对：周瑞红		**责任印制**：王美丽	

出版发行 / 北京理工大学出版社有限责任公司

社　　址 / 北京市丰台区四合庄路6号

邮　　编 / 100070

电　　话 / (010) 68914026（教材售后服务热线）
　　　　　　(010) 68944437（课件资源服务热线）

网　　址 / http://www.bitpress.com.cn

版 印 次 / 2024年2月第1版第1次印刷

印　　刷 / 河北鑫彩博图印刷有限公司

开　　本 / 787 mm × 1092 mm　1/16

印　　张 / 11.5

字　　数 / 264千字

定　　价 / 89.00元

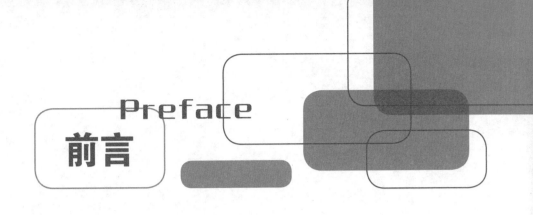

前言

Preface

随着我国社会主义现代化建设的快速发展，一种融合现代建筑技术与通信技术、计算机网络技术、信息处理技术和自动控制技术的智能建筑迅速发展起来。建筑智能化是为了实现建筑物的安全、高效、便捷、节能、环保、健康等属性。随着科学技术的不断发展，建筑智能化在智能的基础上，将与可持续发展理念紧密结合，在推进智慧城市建设、推广智慧化信息应用，促进基础设施智能化、公共服务便捷化、产业发展现代化等方面起着举足轻重的作用。

党的二十大报告指出，高质量发展是全面建设社会主义现代化国家的首要任务。我们要坚持以创新为第一动力，以智能制造为主攻方向，推进制造业数字化转型，加快推进建筑行业向绿色化、智能化转型升级。

本书主要针对土建类专业学生，以最新的建筑智能化技术为理论指导，以最新的标准为依据，使学生了解智能建筑的相关概念及系统组成，智能建筑的各个系统是如何实现系统功能达到节能降耗的效果，保障人们的安全及提高人们的生活质量，从而实现可持续发展，在培养学生对智能建筑的理解及兴趣、提高学生对智能建筑的认知水平方面具有重要的意义。同时配合使用信息化手段，包括网络教学平台、多媒体课件、动画、虚拟仿真实验等配套资源，帮助学生进行有效的探究性学习，将教师课堂面授与学生课下自学紧密结合，提高教学效果。

全书共八个模块。模块一是智能建筑认知；模块二是认识计算机网络技术；模块三是建筑设备监控管理系统；模块四是安全防范系统；模块五是综合布线系统；模块六是消防系统；模块七是认识通信网络系统；模块八是办公自动化系统。通过对建筑智能化系统支撑技术的详细介绍，学生能够在学习基本技术知识和方法的同时，了解建筑智能化目前的发展状况和趋势。

本书由重庆建筑科技职业学院油飞、马晓雪、叶巍担任主编，由重庆建筑科技职业学院王晓彤、齐云霞、王雪琴、王哲、罗舒和重庆瑜欣平瑞电子股份有限公司汪小平担任副主编。全书由重庆建筑科技职业学院陈亚娟教授主审。

由于编者水平有限，加之建筑智能化技术的发展日新月异，很多理论和实践问题还需要进一步研究，书中不足之处在所难免，敬请广大读者批评指正。

编　者

Contents

目录

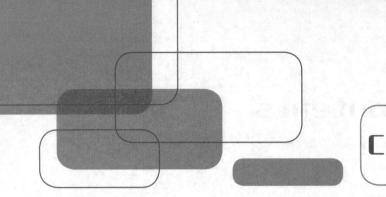

Contents

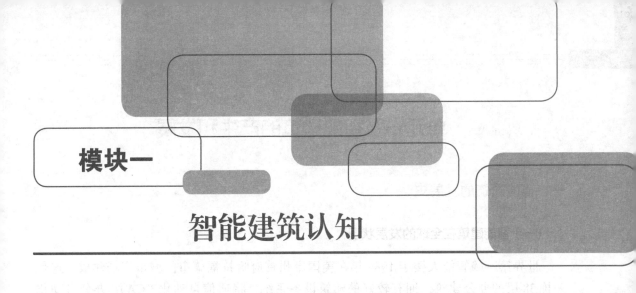

模块一

智能建筑认知

初步了解智能建筑的发展背景及现状，掌握智能建筑的基本概念、功能、特点及涉及的核心技术等，增强对智能化及智能化相关专业所涉及的知识范围和业务领域的认识，为学好智能建筑的相关内容打下良好的基础。

通过对不同智能化系统的学习，能够使用各智能化设备，具备进一步自学拓展相关知识的能力，如自学应用其他智能化系统的能力。

通过对我国建筑智能化行业的发展战略的解读，知晓所学知识能够在国家建设中起到的作用。

智能建筑（Intelligent Building）作为建筑工程与艺术、自动化技术、现代通信技术和计算机网络技术相结合的复杂系统工程学科，是现代高新技术与建筑艺术相结合的产物，是一门多学科交叉且具有高科技含量的新领域技术。

智能化建筑的发展日新月异，智能化住宅更是人们生活质量提高的重要标志，人们对智能化住宅的需求促进了智能化建筑的发展。目前，在世界各地智能化工程技术正逐步走向创新阶段。建筑智能化系统的主要功能是对建筑内部的能源使用、环境、通信，以及供电进行统一监控与管理，以便提供一个既安全可靠、节约能源又舒适宜人的工作和居住环境。

单元一　智能建筑的产生和发展

一、智能建筑的发展史

（一）智能建筑在全球的发展状况

世界第一幢智能大楼于 1984 年在美国康州首府哈特福德市的城市广场建成，这是一栋 38 层的办公建筑，拥有较好的建筑设备系统，将通信自动化（CA）、办公自动化（OA）、楼宇设备管理自动化（BA），安全、防火等技术纳入运行管理，同时给租户提供新的服务及共享服务功能，从而成为世界上第一座冠以"智能建筑"的大楼，被视为城市现代化、信息化的主要标志，承担该工程总体设计和安装的是 UTBS 公司。

从第一座智能大楼诞生后，20 世纪 80 年代后期，智能建筑风靡全球，并在世界范围内蓬勃发展。这主要是由于电子技术，特别是微电子技术在楼宇自动化和通信网络及其系统集成方面有了飞跃的发展。据统计，美国新建和改造的办公大楼大约有 71% 为智能建筑，智能建筑总数超过万座。日本从 1985 年开始建设智能大厦，并制订了一系列的发展计划，成立了智能化组织，到 20 世纪末已有 65% 的建筑实现智能化。新加坡计划建成"智能城市花园"。印度计划建设"智能城"。韩国计划将其半岛建成"智能岛"。也就是说，智能建筑是科技发展的产物，尤其是现代计算机（Computer）技术、现代控制（Control）技术、现代通信（Communication）技术和现代图形显示技术（CRT），即所谓 4C 技术的历史性突破和在建筑平台上的应用，"智能建筑"的使用功能和技术性能与传统建筑相比较发生了深刻的变化，从而使这种综合性高科技建筑物成为现代化城市的又一个重要标志。

（二）中国智能建筑的发展

20 世纪 80 年代末 90 年代初，中国科学院计算技术研究所就曾进行过"智能化办公大楼可行性研究"，对智能办公楼的发展进行了探讨。20 世纪 80 年代后期出现了较早的一批智能设施和系统较为完备的建筑物。1990 年建成的北京发展大厦是智能建筑的雏形。1993 年建成的广东国际大厦是我国大陆首座智能化商务大楼，它具有较完善的"3A"系统〔建筑设备自动化系统（Building Automation System，BAS）、通信自动化系统（Communication Network System，CNS）、办公自动化系统（Office Automation System，OAS）〕及高效的国际金融信息网络，通过卫星可直接接收美联社道琼斯公司的国际经济信息，同时还提供了舒适的居住与办公环境。

首先打出"智能建筑"旗号的是房地产开发商，另一个最早进入这个市场的是系统集成商，他们原来多半是搞通信或是承担网络工程的，从做网络转向专门做综合布线。

在智能建筑的发展过程中，原来建筑业的主力军即建筑工程的设计和施工安装两支队伍却显得技术准备不足。行业中的一些先知先觉者为了规范市场，统一认识，便在上海首先提出了制定智能建筑设计标准的问题。该标准在 1996 年作为上海市的地方标准出台，将智能建筑划为三级。仅以上海浦东新区为例，自 1990 年至 1996 年就建造了 20 层以上的高楼 89 幢。全上海市 1990—1996 年建造了 20 层以上的高楼 497 座，总计约 1 062 万平方米。

智能建筑兴起于沿海特区和北京，而后在武汉、西安等大城市出现了智能建筑，再后来在乌鲁木齐也建造了智能大厦。

原建设部在 1997 年 10 月发布了《建筑智能化系统工程设计管理暂行规定》，界定了有关建筑智能化工程的主管部门是建设部，具体的工程项目的设计部门应是本工程的设计总体负责机构，设计负责人应对工程总体（包括智能化系统工程）负全面责任。规定了任何智能建筑工程在立项时就应将智能化系统的设计要求提出，经批准立项后，即作为设计要求下达到设计单位进行设计。承包分项的系统集成商应在工程总体设计的指导下进行本系统的细化设计，同时还要承担设备安装、调试、用户培训，以及交工后的维护服务等一系列工作。《建筑智能化系统工程设计管理暂行规定》还指出，智能建筑在竣工和正常运转一段时间后要进行评估，评估为优秀者要进行奖励。这个管理规定是政府关于智能建筑管理的第一个总令，对于整顿市场和规范行业行为起了很好的作用。

1998 年 10 月又颁布了《建筑智能化系统工程设计和系统集成专项资质管理暂行办法》及与之相应的《建筑智能化系统工程设计和系统集成执业资质标准（试行）》。这两个法令规定了承担智能建筑设计和系统集成的资格，实际上是市场准入的标准。

1998 年 6 月在建设部勘察设计司领导下成立了建筑智能化系统工程设计专家委员会，该委员会负责协助政府进行一些行业管理和推进智能建筑事业的工作。

综上可见，这 20 年的建筑智能化发展之所以如此迅猛，是因为它首先是人性化的重要体现，然后才是在现有的经济和技术发展的前提下实现的。

1. 社会背景

（1）进入信息时代，产业结构的变化需要智能建筑。当今社会已经从工业社会发展到了信息社会，知识、信息已经成为越来越重要的资源，因而，人类对其进行生产、生活的主要载体——建筑物的功能要求产生了巨大变化，其功能范围也在不断增加和扩大。人们对生活、工作环境的要求越来越高，在要求可靠、高效的通信服务的同时，又希望居住环境舒适、方便而且节能。为了满足人们的需求，需使建筑功能逐步增加，各种自动化管理和服务设备广泛应用于建筑物内，而人工却无法完成这些先进设备的管理，由此可见，社会需要促进传统建筑向智能建筑的转化，智能建筑也体现了人性化的理念。

（2）建筑物本身的现代化发展，对建筑提出更多、更高的条件和要求，这也包括一系列对建筑智能化的要求。另外，随着建筑物的高效化和多功能化，人们对生产、生活场所的条件也提出了方便、舒适、高效和节能的要求。现代办公楼、商住楼的技术支持和设备管理已非人工操作所能应付，智能建筑应运而生。

结论：社会变革，国家垄断经营的交通、邮电等行业转向自由竞争，国际贸易和市场开放，使得信息技术市场的竞争日趋激烈，为智能建筑的技术和设备选择提供了更多的机会。

2. 技术背景

智能建筑的诞生是电子信息技术发展的结果。如数字技术、光纤技术、超大规模集成电路技术和图像通信技术已广泛渗透于各个应用领域（如建筑业）以及生产、经营、管理等过程，成为诸多行业更新发展的基本依据和重要手段。现在各国都在争建自己的信息高速公路，而信息高速公路网的节点——建筑物必然要满足其客观要求。高新技术在智能建筑物中的应用将建立在互联网基础之上，并且具有良好的人机交互多维信息处理能力。在技术上，发展的重点是可视化技术、虚拟技术和协同办公技术，必须密切结合应用需求，强调综合集成。由此可见，随着智能传感技术与智能控制技术的发展与应用，将进一步提高控制精度，节能效果显著。信息网络与控制网络的融合和统一，将使建筑智能化系统的网络结构更加简化，网络系统更加可靠。信息技术的快速发展必将开创新的应用市场，智能建筑作为信息高速公路上的主节点，恰好顺应了市场需求，必将成为信息产业的重要市场。

结论：计算机技术、微电子技术、信息网络技术促使智能建筑的实现具备了技术基础。

3. 经济背景

在现代化的今天，世界经济区域集团化趋势日趋显现，各国经济逐步纳入世界经济体系，资金、商品、人才和技术的国际化流动正在加速。世界经济由总量增长型向质量效益型转制，产业结构也向知识集约型与高增值型转变。智能建筑以现代高技术为基础，以知识、技术密集形式获得了高增值，不仅提高了建筑产业的技术含量和水平，还将推动相关产业与结构现代化和产品结构升级换代。如果说信息是经济发展的战略资源的话，智能建筑这一信息系统的成员在新经济形势下必将得到更壮观的发展。

经济背景概括有以下几个方面：第三产业的崛起；世界经济全球化；世界经济由总量增长型向质量效益型转变。

结论：智能建筑的产生，经济同样起到了决定性的作用。

二、智能建筑展望

随着人民生活水平的日益提高，对智能建筑的需求量也会急剧增大，智能建筑已成为一个国家综合经济实力的具体表征。随着房地产事业的发展，智能建筑已经成为建筑现代化的标志之一，许多开发商和业主都以自己的产品冠以"智能建筑"为荣。

智能建筑的发展趋势主要体现在以下几个方面：

1. 向规范化发展

在设计、施工中，大多是专业人员按国家规定和规范进行，政府高度重视，并提供了各方面的支持，促使智能建筑向规范化发展。

2. 智能建筑材料与智能建筑结构的发展

当前智能建筑的"智能"是通过建筑设备的智能化系统来实现的。未来智能建筑的"智能"还会体现在智能化的建筑材料和智能化的建筑结构等方面，例如：

（1）自修复混凝土。在提高建筑结构安全度方面，可采用自修复混凝土（智能混凝土）。在混凝土中掺入装有树脂的空心纤维，当结构件出现超过允许度的裂缝时，混凝土的微细管破裂，溢流出来的树脂将其自动封闭和黏结裂缝。

（2）光纤混凝土。在建筑物的重要构件中埋设光导纤维，从而能够经常监控构件在荷载作用下的受力状况，显示结构的安全程度；采用有机结构构件，如建筑物的梁、柱用聚合物缓冲材料连成一体，在一般荷载下为刚性连接，而在震动的作用下为柔性连接，起到吸收和缓冲地震或风力带来的外力作用。这一技术已经在三峡大坝中应用。

（3）智能化平衡结构。如日本竹中建筑公司在东京市中心建了一栋6层大楼，它在强烈的模拟地震试验中安然无恙。这栋建筑物之所以能抗震，一方面在于安装了一个液压支架系统，能减弱和抑制40%的震动；另一方面是楼的顶层安装了一个大滑块，当大楼受到飓风或地震的影响即将倾斜时，这块质量为9 t的滑块会根据计算机的指令朝相反的方向移动。

3. 智能建筑向多元化发展

由于用户对智能建筑功能要求有很大差别，智能建筑正朝多元化方向发展。例如：智能建筑的种类已逐步增加，从办公写字楼向公共场馆、医院、厂房、宾馆、住宅等领域扩展；随着智能建筑建设范围的扩大和数量的增加，智能建筑也正向智能化小区、智能化城市发展，未来必将与数字化国家和数字化地球接轨。

4. 建筑智能化技术与绿色生态建筑的结合

绿色建筑是综合运用当代建筑学、生态学及其他技术科学的成果。绿色生态建筑在不损害生态环境的前提下，提高人们的生活质量及当代与后代的环境质量，其"绿色"的本质是物质系统的首尾相接，无废无污、高效和谐、开放式闭合性良性循环。通过建立起建筑物内外的自然空气、水分、能源，以及其他各种物资的循环系统来进行绿色建筑的设计，并赋予建筑物以生态学的文化和艺术内涵。在生态建筑中，采用智能化系统来监控环境的温、湿度，自动通风、加湿、喷灌，监控管理三废（废水、废气、废渣）的处理等，为居住者提供生机盎然、自然气息浓厚、方便舒适且节省能源、没有污染的居住环境。

5. 信息技术的标准化必将提升智能化的素质

国际开放协议标准的应用可使建筑智能化系统的集成和互操作性得以实施。把Intranet引入智能建筑，可实现智能建筑内部局域网与外部Intranet和Extranet网络的无缝连接；光纤到家、光纤到办公室及三网合一（语音、视频、数据传输使用同一传输网络）的实现将使智能建筑的接入网达到一个新的境界。同时，地理信息技术的应用使得办公自动化系统和智能建筑物业管理系统实用性更强。

智能建筑是传统建筑技术与新兴的信息技术结合的产物，因此，伴随信息技术的迅猛发展，建筑智能化的功能和性能将进一步提升，智能建筑中的"智能"必将成为建筑的重要内容。

单元二　智能建筑的定义、特征与内容

一、智能建筑的定义与特征

（一）智能建筑的定义

智能建筑的定义：智能建筑是指利用系统集成方法，将计算机技术、通信技术、信息技术与建筑艺术有机结合，通过对设备的自动监控，对信息资源的管理和对使用者的信息服务及其与建筑的优化组合，所获得的投资合理、适合信息社会需要且具有安全、高效、舒适、便利和灵活特点的建筑物。

视频：智能建筑的概念

智能建筑的形象描述：钢筋混凝土结构是建筑物的躯体，装饰装潢是建筑物的衣服，智能控制中心是建筑物的大脑，各种智能探测器是建筑物的感觉器官，通信网络是建筑物的神经系统。

（二）智能建筑的特征

1. 复杂性特征

从系统论的角度，可以将智能建筑看作一个复杂系统（Complex System），因为它具备了复杂系统几乎所有的特征。

2. 开放性特征

系统集成的关键问题是解决不同子系统、不同产品间接口和协议的标准化，以使它们之间能达到"互联性"和"互操作性"。它应提供数据接口、网络接口、系统和应用软件接口。系统开放性的特征：集成接口遵循开放、通用的国际标准；集成接口互换性好。

3. 技术先进性特征

（1）无线通信技术的充分应用；

（2）数字化视频传输技术的推广使用；

（3）控制系统的全数字化技术。

4. 集成化特征

集成（Integrated）是指把各个自成体系的硬件和软件加以集中，并重新组合到统一的系统之中。它由以下 5 个独立的自动化子系统组成：

（1）建筑设备自动化系统（BAS）；

（2）安全防范自动化系统（SAS）；

（3）通信自动化系统（CAS）；

（4）防止火灾自动化系统（FAS）；

（5）办公自动化系统（OAS）。

通过系统集成中心（SIC）将这些子系统组合在一起，以满足用户的需求。

二、智能建筑的内容

智能建筑（大厦）是由建筑的结构、系统、服务和管理四个基本要素及其之间的内在关联进行最优化组合（系统集成），提供一个投资合理而且高效、舒适、方便的建筑环境空间。

视频：智能化系统

智能建筑是指在现代建筑内综合利用目前国际上最先进的计算机技术、控制技术、通信技术、图形（图像）显示技术，建立一个由计算机统一管理的集成化系统平台。

智能建筑工程结构与内容如图 1-1 所示，智能化建筑各级工作关系如图 1-2 所示。

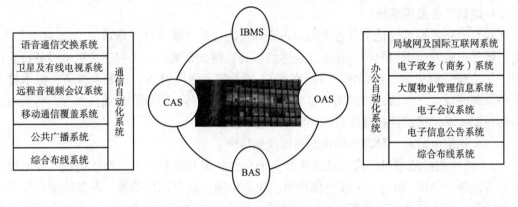

图 1-1 智能建筑工程结构与内容

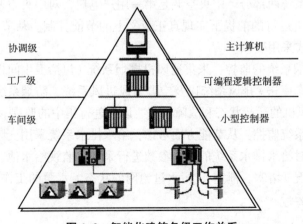

图 1-2 智能化建筑各级工作关系

智能建筑是实施了智能化工程的一个单体建筑（或建筑群）的统称。在实际智能化工程项目中，由于建筑的用途不同，对智能化的功能要求有较大差异，不同行业、不同业务用途的建筑物对智能化功能要求的侧重点也有非常大的区别。图 1-1 所示的智能建筑工程结构基本上涵盖了多数建筑智能化需求的内容，实际工程中应根据用户的一般需求和重点进行合理的增减。

从本质上看，智能建筑是以现代控制技术、现代计算机技术、现代通信技术和现代图形显示技术等高新技术为基础，以现代建筑为载体的各种功能的系统集成，是由硬件部分和软件部分构成。

（一）建筑设备自动化系统（BAS）

1. 建筑设备监控系统

建筑设备监控系统是十分重要的，占全部智能化子系统设计工作量的 1/3，还要与水、电、暖等设备专业密切配合。其主要描述内容有：设计原则；本工程建筑机电设备设置情况，如冷暖空调机组、热源锅炉（热水器）、油系统、通风设备、变配电设备；给水排水设备；照明设备，包括公共照明、室外照明、泛光照明等；电梯、自动扶梯等；各机电设备的控制要求。建筑设备监控系统如图 1-3 所示。

（1）供配电监测：分高压侧检测和低压侧检测。

1）高压侧检测项目：高压进线主开关的分合状态及故障状态；高压进线三相电流检测；高压进线 AB、BC、CA 线电压检测；频率检测；功率因数检测；电量检测；变压器温度检测。以上参数送入供配电系统监测节点中由系统自动监视及记录，为电力管理人员提供高压运行的数据，便于管理及分析。监视主开关的状态，发生故障及时报警。监视大厦的用电情况和负荷的变化情况，便于管理人员分析。

2）低压侧检测项目：变压器二次侧主开关的分合状态及故障状态；变压器二次侧AB、BC、CA 线电压；母线开关的分合状态及故障状态，母线的三相电流；各低压配电开关的分合状态及故障状态；各低压配电出线三相电压、电流、电量、谐波电压、浪涌电流、功率参数等。

（2）中央空调、通风系统的监控：对中央空调的监控分为中央空调的水循环系统和中央空调的空气调节系统两部分。中央空调是第一用户电户，对中央空调监控的最终目标是在保证中央空调稳定运行的前提下实现真正意义上的节能控制。从节能和环保方面考虑，中央空调的工作模式采用变频。

（3）通风机排烟系统的监控：采集通风机排烟系统（包括卫生间楼顶排风系统、地下机房、人防及地下车库送/排风系统以及空调新风进风系统、防烟系统、排烟系统及加压送风系统）中每个风机的运行状态和故障状态，以便进行集中的监视。

（4）给水排水系统监控：从节能方面考虑，给水排水系统采用变频工作模式。对给水排水的监控主要是对给水排水系统的工作参数进行采集，监视给水池、排污池的水位高低以及管网的流通状况（堵塞、泄露），污水过滤网的状态，水泵的工作状态和故障状态等，以保证设备的正常运行。

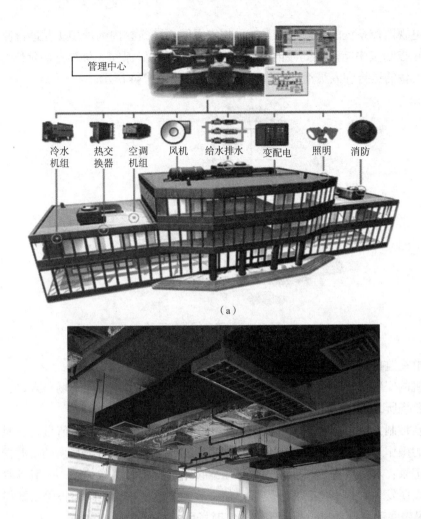

管理中心

冷水机组　热交换器　空调机组　风机　给水排水　变配电　照明　消防

（a）

（b）

图1-3　建筑设备监控系统

（a）建筑设备监控系统；（b）通风与空调系统

（5）电梯集群管理系统：通过通信接口与电梯控制系统联网来实现对电梯的集群管理。对电梯的集群管理主要是显示电梯的运行状态和故障状态，电梯运行时的楼层显示，电梯的启/停控制，累计电梯运行时间对到达指定时间的电梯自动提示维护信息，在发生火警时电梯要求与消防联动停在首层（消防电梯除外）。

（6）照明系统的监控：用电设备是仅次于中央空调的第二用电大户，对照明系统的集中监控在保证照明稳定可靠的前提下还要考虑它的节能性。

2. 安全防范系统

安全防范系统包括防盗报警系统、闭路电视监控系统、保安周边防范与巡更系统、出入口控制及门禁系统、紧急报警系统和模拟显示系统等。下面以闭路监控系统为例进行说明。

闭路电视监控系统的主要功能是辅助保安系统对建筑物内的现场实况进行监视。它使管理人员在控制室中能观察到楼内所有重要地点的情况（保安人员视觉的延伸），为消防、楼内各种设备的运行和人员活动提供了监视手段，如图1-4所示。

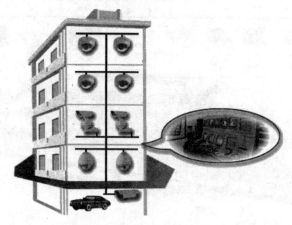

图1-4　闭路电视监控系统

闭路电视监控系统的设备安装及功能如下：

摄像机的安装位置：在建筑的各出入口、主要通道、车库及停车场出入口、贵重设备机房等重要场所，选择适用于监控不同区域的摄像机和镜头。

监视及控制：将监测区的情况以图像方式实时传送到管理中心，值班人员通过对中心控制设备的操作（或程控），从电视墙可以时时刻刻地了解这些重要场所的实时情况。

图像记录：对一些重要场所采用数字压缩技术进行实时图像记录，一般场所采用非实时记录，以便发生意外事件后为公安部门侦查破案提供依据，为防盗报警系统提供图像复核手段（报警联动将自动显示报警区域的实时场面）。

3. 消防报警及消防联动

消防报警及消防联动由火灾自动报警系统和消防联动系统组成，实现火灾报警、人员疏散、防排烟控制、消防灭火等。火灾自动报警系统设备如图1-5所示。

图1-5　火灾自动报警系统设备

4. 停车场管理系统

设置地下停车场的大型公共建筑工程需要设置停车场管理系统。在汽车通道出入口设置管理室，安装系统主机，如图 1-6 所示。

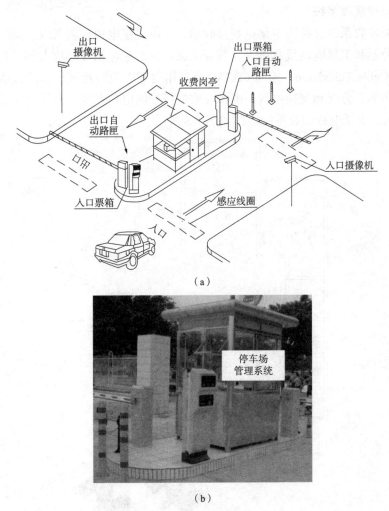

（a）

（b）

图 1-6　停车场管理系统
（a）设备布置示意；（b）应用图

5. IC 卡管理系统

IC 卡管理系统包括 IC 卡登记结算系统、宾馆 IC 卡门锁系统和 IC 卡门禁管理系统等，其作用是提供一个优良的工作环境。

（二）通信自动化系统（CAS）

通信自动化系统由有线电视系统、数字式程控电话交换机或接入网系统、光缆传输系统、卫星电视接收系统、电视会议系统、可视图文与传真系统、多媒体系统与无线寻呼等组成。其作用是实现建筑物内外或国内外的信息互通、资料查询和资源共享。

通信自动化系统：主要内容包括语音信息点设置原则，各楼层不同功能用房的信息点设置一览表（可与计算机信息点同表），机房设置，机房设备选择虚拟交换机、程控交换机等。如果不与计算机网络系统同走综合布线系统，则垂直管线采用通信电缆、水平布线采用四芯通信线，每楼层设置电话分线箱。管线敷设方式：垂直管线走弱电竖井，水平管线走吊顶。部分工程还有无线通信系统等。

1. 卫星电视接收系统

卫星电视接收系统又称为卫星电视接收站，它由卫星电视接收天线、高频头、第一中频电缆、功分器和卫星电视接收机等几部分组成，有时还包括线路放大器。有线电视系统（电缆电视，Cable Television，缩写 CATV）：是用射频电缆、光缆、多频道微波分配系统或其组合来传输、分配和交换声音、图像及数据信号的电视系统。有线电视系统应用平面如图 1-7 所示，卫星电视接收系统应用如图 1-8 所示。

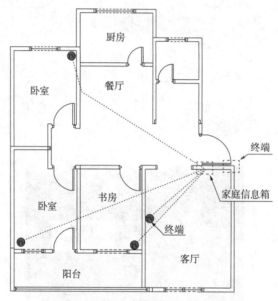

图 1-7　有线电视系统

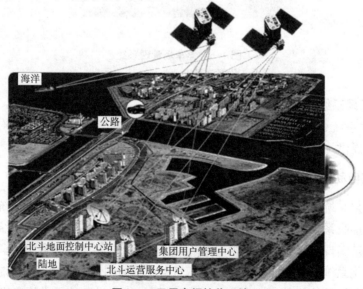

图 1-8　卫星电视接收系统

2. 公共广播系统

公共广播系统（图1-9）一般与消防紧急广播系统兼容，要说明与消防紧急系统的切换方式。扬声器设置如不完全相同则要作补充，部分场所要增设音量调节开关。其应用如下：

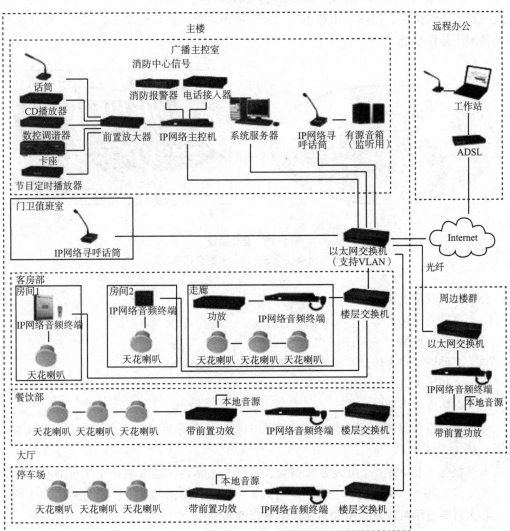

图1-9　公共广播系统

（1）背景音乐：听音乐的人意识不到声源的位置，有给人快感的音质。声压级为70～85 dB，频响宽100～12 000 Hz，可设置定时自动广播。

（2）公共广播：以公众能够听到清晰、准确的声音为目标。声压级为80～90 dB，频响宽为100～6 000 Hz。

（3）紧急事故广播：使公众在任何地方都能听到清晰、准确的声音。声压级为88～94 dB，频响宽100～6 000 Hz。紧急广播强切功能，并可按消防有关规范设置紧急广播模式（如N1）。

广播区域内声压级均匀，变化范围为8 dB。

3. 会议系统

一般办公楼具有各种规模、各种用途的会议室和报告厅时均需设置会议系统，如图1-10所示。由于建设单位要求档次不同，投资不同，选用会议系统内容也不同。会议系统主要有会议扩声、投影、摄像系统、会议视频系统，还有会议表决系统、发言系统和多语种同声传译系统。

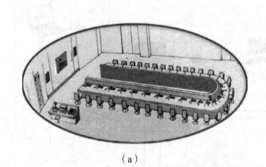
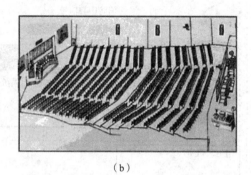

（a）　　　　　　　　　　　　　　　　（b）

图1-10　会议系统
（a）小型会议系统；（b）大型会议系统

会议系统的特点如下：

（1）高度集成化；

（2）各种信息集于一屏；

（3）多种语言同声传译音质清晰，声音与图像同步匹配；

（4）音频扩声以自然为本；

（5）全集成中央控制。

小型会议室可设置小型会议系统，正面中央墙挂单屏显示，有会议发言、表决系统，如图1-10（a）所示。

大型报告（多功能）厅可设置大型会议系统，主席台一边安装一个单屏显示（背投），有会议发言（表决）、同声传译、旁听、音频扩声、现场摄像等系统，如图1-10（b）所示。

4. 大屏幕显示系统及触摸式多媒体信息查询系统

公建项目的办公、商场等一般设置大屏幕显示系统及触摸式多媒体信息查询系统，通常设置于门厅、大堂等公共场所，对公众起广告、引导功能。大屏幕显示装置附近需设置小控制室，留足电源功率，一般每平方米1 kW左右，大屏幕显示系统如图1-11所示。

（三）办公自动化系统（OAS）

办公自动化系统由计算机网络、计算机软件平台、酒店管理系统和物业管理系统等组成，如图1-12所示。其作用是服务于建筑物本身的物业管理和运营管理，用户业务领域的金融、外贸和政府部门等办公，是可实现具体办公业务的人机交互信息系统。

计算机网络系统的主要内容有计算机信息点设置原则，各楼层不同功能用房的信息点设置一览表（可与语音信息点同表），机房设置，计算机网络中心机房主网络交换机和楼层网络交换机设置，系统厂商、品牌及系统情况、产品性能的简单介绍。部分政府办公大楼要组建外网、内网，有的业务部门要组建小型局域网。银行计算机网络系统应用案例如图1-13所示。教育城域网解决方案如图1-14所示。校园计算机网络如图1-15所示。

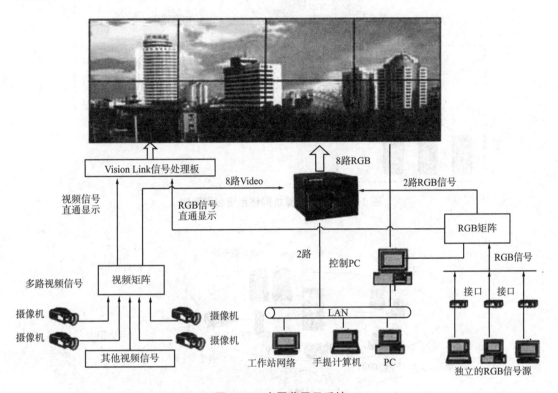

图1-11　大屏幕显示系统

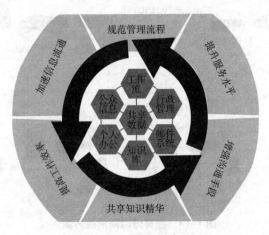

图1-12　办公自动化系统

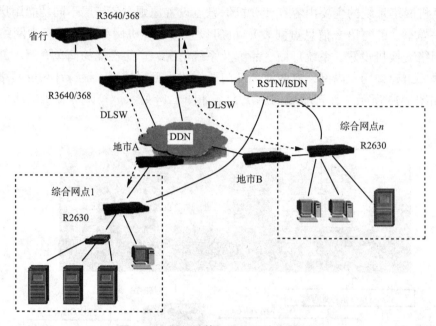

图 1-13　银行计算机网络系统应用案例

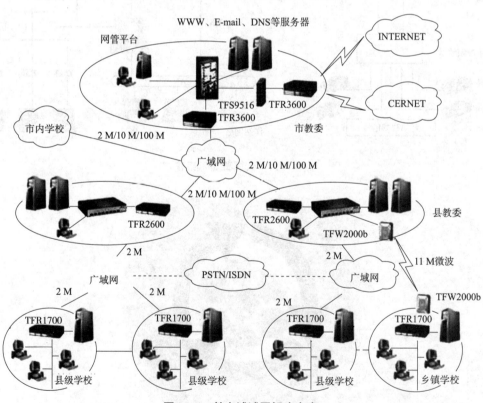

图 1-14　教育城域网解决方案

图 1-15　校园计算机网络系统

（四）综合布线系统

现代商业机构的运作常常需要计算机技术、通信技术、信息技术及其办公环境（建筑物）完全集成在一起，实现信息和资源共享，提供舒适的工作环境和完善的安全保障，这就是智能建筑，而这一切的基础就是综合布线。

综合布线系统是一个用于传输语音、数据、影像和其他信息的标准结构化布线系统，是建筑物或建筑物群内的传输网络，它使语音和数据通信设备、交换设备及其他信息管理系统彼此相连接。

综合布线 PDS 已发展为智能楼宇布线系统（IBS），并进一步发展为结构化综合布线系统（SCS）。综合布线 PDS 采用模块化的灵活结构将 3A 系统与智能化建筑系统集成中心进行巧妙的连接，便形成了一个完整的智能化建筑系统。智能建筑的基本内容与结构如图 1-16（a）所示，智能型大厦布线系统如图 1-16（b）所示。

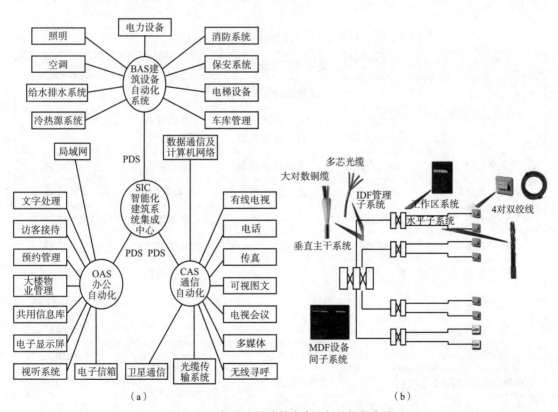

（a）　　　　　　　　　　　　　　　　　（b）

图 1-16　智能建筑的基本内容与结构及布线

（a）智能建筑的基本内容与结构；（b）智能型大厦布线系统

结构化综合布线系统一般由工作区、水平布线、垂直布线、楼层设备间、中心机房等几部分组成，有的工程还有各建筑单体之间的建筑群子系统。目前常用超五类布线，采用超五类的线缆和信息插座，部门工程采用六类线缆和模块。垂直干线采用光纤，进户线一般采用 6 芯单模光纤。

单元三　智能建筑的功能及优势

一、智能建筑的功能

（1）信息处理功能。信息范围能在城市、地区或国家间进行。

（2）能对建筑物内照明、电力、暖通、空调、给水排水、防灾、防盗、运输设备等进行综合自行控制。

（3）能实现各种设备运行状态监视和统计记录的设备管理自动化，并实现以安全状态监视为中心的防灾自动化。

（4）建筑物应具有充分的适应性和可扩展性，它的所有功能应能随技术进步和社会需要而发展。

智能建筑的功能可用建筑智能化系统汇总（表 1-1）和智能建筑的三大服务领域（表 1-2）描述。

表 1-1　智能建筑总体功能按建筑智能化系统汇总

智能建筑管理系统				
办公自动化系统	建筑设备管理系统			通信网络系统
	安全防范 自动化系统	火灾 自动报警系统	建筑设备 自动化系统	
文字处理	出入控制	火灾自动报警	空调监控	程控电话
公文流转	防盗报警	消防自动报警	冷热源监控	有线电视
档案管理	电视监控		照明监控	卫星电视
电子账务	巡更		给水排水监控	公共广播
信息服务	停车库管理		电梯监控	公共通信网接入
一卡通				VSAT 卫星通信
电子邮件				视频会议
物业管理				可视图文
专业办公自动化系统				数据通信
				宽带传输

表 1-2 智能建筑的三大服务领域

安全性方面	舒适性方面	便利 / 高效性方面
火灾自动报警	空调监控	综合布线
自动喷淋灭火	供热监控	用户程控交换机
防盗报警	给水排水监控	VSAT 卫星通信
闭路电视监控	供配电监控	专用办公自动化系统
保安巡更	卫星电缆电视	Intranet
电梯运行监控	背景音乐	宽带接入
出入控制	装饰照明	物业管理
应急照明	视频点播	一卡通

二、智能建筑的优势

相对于传统的建筑，智能建筑具有以下优势：

（1）提供安全、舒适和高效便捷的环境。智能建筑首先确保安全及健康，其防火与保安系统要求智能化；其空调系统能监测出空气中的有害污染物含量，并能自动消毒，使之成为"安全健康大厦"。智能大厦对温度、湿度、照度均加以自动调节，甚至控制色彩、背景噪声与味道，使人们像在家里一样心情舒畅，从而能大大提高工作效率。

视频：智能建筑的优势

（2）节约能源。在现代建筑中，空调作为大宗负荷耗电量很大，以大厦为例，其空调与照明的能耗约为总能耗的 70%。因此，节能问题是智能建筑中必须重视的，在满足使用者对环境要求的前提下，智能大厦应通过其"智慧"，尽可能利用自然光和大气冷量（或热量）来调节室内环境，以最大限度减少能源消耗。按照事先在日历上确定的程序，区分"工作"与"非工作"时间，对室内环境实施不同标准的自动控制，如下班后自动降低室内照明与温湿度控制标准，已成为智能大厦的基本功能。利用空调与控制等行业的最新技术，最大限度地节省能源是智能建筑的主要特点之一，其经济性也是该类建筑得以迅速推广的重要原因。

（3）节省设备运行维护费用。通过管理的科学化、智能化，使得建筑物内的各类机电设备的运行管理、保养维护更趋自动化。确保设备运行维护的经济性主要体现在两个方面：一方面系统能正常运行，发挥其作用可降低机电系统的维护成本；另一方面由于系统的高度集成，操作和管理也高度集中，人员安排更合理，从而使人工成本降到最低。

（4）满足用户对不同环境功能的需求。传统的建筑设计是根据事先给出的功能进行的，不允许改进。而智能建筑要求其建筑结构设计必须具有智能功能，除支持 3A 功能（即 BAS、CAS 及 OAS）的实现外，必须是开放式、大跨度框架结构，允许用户迅速而方便地改变建筑物的使用功能或重新规划建筑平面。室内办公所必需的通信与电力供应也具有极大的灵活性，通过结构化综合布线系统，在室内分布着多种标准化的弱电或强电插座，只要改变跳接线，就可以快速改变插座功能，如变程控电话为计算机通信接口等。

（5）高新技术的运用能大大提高工作效率。在信息时代，时间就是金钱。在智能建筑中，用户可以通过国际可视电话、直拨电话、电子邮件、声音邮件、电视会议、信息检索与统计分析等多种手段，及时获得全球性金融商业情报及各种数据库系统中的最新消息；通过国际计算机通信网络，可以随时与世界各地的企业或机构进行商贸等各种业务活动。

（6）系统的集成是实现智能目标的保证。从技术角度看，智能建筑与传统建筑最大的区别就是智能建筑各智能化子系统的系统集成。智能化系统的集成是将智能建筑中分离的设备、各子系统、功能和信息通过计算机网络集成为一个相互关联的统一协调的系统，实现信息、资源和任务的重组与共享。也就是说，智能建筑安全、舒适、便利、节能和节省人工费用的目标必须依赖集成化才能达到。

模块小结

本模块介绍了智能建筑的发展背景及现状、智能建筑的相关知识及建筑智能化的内容等。

智能建筑是指利用系统集成方法，将计算机技术、通信技术、信息技术与建筑艺术有机结合，通过对设备的自动监控，对信息资源的管理和对使用者的信息服务及其与建筑的优化组合，所获得的投资合理、适合信息社会需要并且具有安全、高效、舒适、便利和灵活特点的建筑物。

智能建筑具有复杂性、开放性、技术先进性及集成化等特征。

建筑智能化系统的主要功能是对建筑内部的能源使用、环境、通信及供电进行统一监控与管理，以便提供一个既安全可靠、节约能源又舒适宜人的工作和居住环境。

建筑智能化系统包括建筑设备自动化系统（BAS）、通信自动化系统（CAS）、办公自动化系统（OAS）和智能化建筑系统集成中心（SIC）等。

相对于传统的建筑，智能建筑具有可以提供安全、舒适和高效便捷的环境、节约能源、节省设备运行维护费用、满足用户对不同环境功能的需求、高新技术的运用能大大提高工作效率、系统的集成是实现智能目标的保证等优势。

复习与思考题

1. 简述智能建筑的产生背景及智能建筑的发展趋势。
2. 智能建筑的节能和经济效益体现在哪些方面？
3. 智能建筑的功能是什么？
4. 思考家居智能系统由哪些设备组成。
5. 智能建筑的优势有哪些？

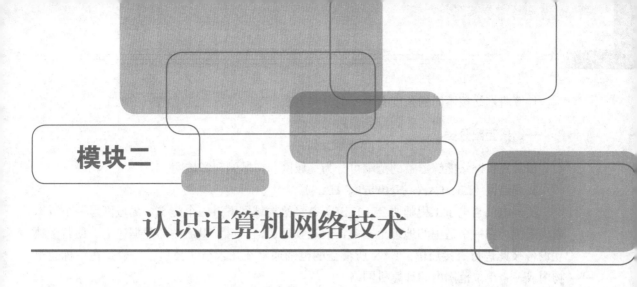

模块二

认识计算机网络技术

知识目标

1. 初步掌握计算机网络发展技术。
2. 掌握计算机网络的分类及其各种网络的应用，对于网络管理和安全能够初步应用，为后续内容的学习打下基础。

技能目标

能分清楚计算机万罗技术的发展和应用。

素养目标

1. 培养职业责任心、团队合作精神。
2. 培养开拓创新的职业品格和行为习惯。

建筑智能化要实现安全、高效、舒适、便利的建筑环境，必须依赖计算机网络。物业管理、办公自动化、内外通信、Internet 网接入、系统集成、远程教育、网上娱乐、购物、证券、医疗等，都离不开计算机网络的支撑。

本模块围绕建筑智能化系统中的计算机网络，介绍相关的计算机网络概念和基础知识。

单元一 计算机网络及分类

一般认为，计算机网络就是通过通信设备和通信传输介质将分布在不同地理位置上，且具有独立工作能力的计算机连接起来，在相应软件的支持下实现数据通信和资源共享的系统。

计算机网络按不同的角度有不同的分类方法。

一、按距离分类

按计算机网络能够覆盖的范围可分为局域网、广域网和城域网。

1. 局域网（Local Area Network，LAN）

美国电气与电子工程师协会（IEEE）曾经给局域网下过一个定义：局域网是一个数据通信系统，在一个适中的地理范围内，通过物理通信信道，以适中的数据速率，使若干独立设备彼此进行直接通信。LAN 所覆盖的范围通常在几米至几公里，一般是在一栋建筑物内或一个单位范围内的计算机网络。

常见的局域网有：以太网（Ethernet）、令牌环（Token - Ring）、令牌总线（Token -Bus）和 FDDI 光纤局域网等。

2. 广域网（Wide Area Network，WAN）

广域网是利用公共远程通信设施（如公用数据通信网、公用电话网、卫星通信网等），为用户提供对远程资源的访问，或者提供用户之间的快速信息交换。它是地区或国家甚至国际范围内的计算机网络。

国际计算机互联网——因特网（Internet）即是广域网的例子。

3. 城域网（Metropolitan Area Network，MAN）

城域网覆盖的范围在 WAN 与 LAN 之间，它的技术原理与 LAN 类似，但距离可以到 30 ~ 50 km。MAM 正好可以弥补 LAN 与 WAN 之间的空隙。

二、按介质分类

按网络通信线路所使用的介质可分为有线网和无线网。

1. 有线网

有线网使用同轴电缆、双绞线、光纤等传输介质来传送数据。同轴电缆又分粗缆（75 Ω）和细缆（50 Ω）。双绞线分为屏蔽双绞线（Shielded Twisted Pair，STP）和非屏蔽双绞线（Unshielded Twisted Pair，UTP）两种。光纤分为单模光纤和多模光纤。

视频：局域网介绍

2. 无线网

在移动通信中，无线传输是唯一的选择。即使在非移动通信中，为了克服地形地貌上的阻隔，降低线路的建造与维护费用，人们也必须采用微波干线或卫星通信。

三、按数据交换的基本方式分类

1. 共享型网络

在当前使用的低速 LAN 中，如 10 Base2、10 Base5、10 BaseT 以太网、令牌网及光纤 FDDI 网，都是采用竞争共享的数据传输方式，即网络上的每台计算机必须征得传输通道的使用权后才能传送数据，当两个用户正在互相传送数据时，其他用户则不能传送数据。这种争用型网络在用户大量增加时其效能将会大大降低。

2. 交换型网络

高速 LAN 和 WAN 一般都采用分组交换技术的数据传输方式。交换型网络每个工作站独占一定带宽，可大大提高网络系统的带宽，网络系统带宽随着连网工作站数量的增加而增加，如交换型快速以太网、千兆以太网和万兆以太网。

单元二　开放系统互连参考模型

开放系统互连参考模型（Reference Model of Open System Interconnection，OSI）是由国际标准化组织（International Organization for Standardization，ISO）于 1979 年公布的。所谓开放系统是指遵从国际标准能够实现互连并相互作用的系统。它是为了改变以前各网络设备厂家生产的封闭式网络设备之间难以实现互连的状况而研究出的一种新型网络体系结构国际标准。OSI 为开放互连系统提供了一种 7 层的功能分层框架。网络功能分层是因为网络通信功能的实现是很复杂的一件事情，为了便于解决和实现，采用了人类解决复杂问题时常用的分解原理，即将一个复杂事物分解为若干个相对简单便于解决的事物，分层的多个简单的事物都解决了，总的复杂的事务也就解决了。OSI 的 7 层结构如图 2-1 所示。

OSI 的第 n 层使用第 $n-1$ 层提供的服务及第几层的协议实现本层的功能，并向第 $n+1$ 层提供第几层的服务（即第几层的功能）。上层直接使用下层提供的服务，而不必关心该服务在下层具体是如何实现的。

OSI 各层数据传输的基本单位分别是比特（物理层）、帧（数据链路层）、分组（网络层）、报文（传输层及以上高层）。

通信协议是通信双方（信源与信宿）必须共同遵守的一组规则。OSI 各层规定的功能，由该层的相关协议来规定其实现的细则。功能分层，协议也随之分层。

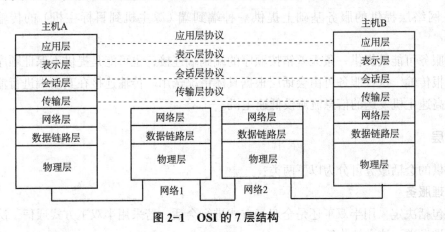

图 2-1　OSI 的 7 层结构

视频：TCP/IP
协议

视频：OSI7
层模型

OSI 各层功能简要介绍如下：

一、物理层

物理层规定通信设备的机械的、电气的、功能的和过程的特性，用以建立、维持和释放数据链路实体间的连接。具体来说，这一层的规程都与电路上传输的原始比特有关，它涉及：用什么电压代表"1"，用什么电压代表"0"；一个比特持续多少时间；传输是双向的，还是单向的；一次通信中发送方和接收方如何应答；设备之间连接件的尺寸和接头数；每根连线的用途等。

二、数据链路层

数据链路层向网络层提供相邻结点间无差错的信道。相邻结点之间的数据交换是分帧进行的，各帧按顺序传送，并通过接收端的校验检查和应答保证可靠的传输。数据链路层对损坏、丢失和重复的帧应能进行处理，这种处理过程对网络层是透明的。相邻结点之间的数据传输也有流量控制的问题，即要防止因发送结点速度太快使得接收结点无法及时接收数据从而造成数据丢失的情形出现。

局域网一般不存在路径选择问题，因此只涉及 OSI7 层结构中的低 2 层，即物理层和数据链路层。

三、网络层

广域网一般具有 OSI7 层结构中的 1 ～ 3 层，即物理层、数据链路层和网络层。

网络层的功能主要是在源结节与目标结节之间的通信子网存在的多条路径中选择一条最佳路径，以及拥塞控制和记账功能（根据通信过程中交换的分组数或字符数或比特数收费）。

当传送的分组跨越一个网络的边界时，网络层应该对不同网络中分组的长度、寻址方式、通信协议进行变换，使得异构网络能够互联。

四、传输层

传输层在网络层提供的服务基础上提供一种端到端（源主机到目标主机）的传输服务。

传输层的服务可能是提供一条无差错按顺序的端到端连接，也可能是提供不保证顺序和质量的数据报传输。这些服务可由会话层根据具体情况选用。传输连接在其两端进行流量控制，以免高速主机发送的信息流淹没低速主机。

五、会话层

会话层提供的会话服务可分为以下两类：

1. 会话管理服务

会话管理包括决定采用半双工还是全双工方式进行会话。若采用半双工方式通信，决定收发双方该谁发送，该谁接收等。

2. 会话同步服务

将传输的报文分页加入"书签"（编号），当报文传输中途中断时，只需从中断的那一页开始补传即可，而不必从头重新传输整个报文。

六、表示层

表示层以下各层只关心如何可靠地传输数据，而表示层关心的是所传输的数据的表现方式，即它的语法和语义。表示层服务的例子有数据编码（整数，浮点数的格式以及字符编码等）、数据压缩格式、加密技术等，后两种是数据传输过程所需要的。

表示层的用途是提供一个可供应用层选择的服务的集合，使得应用层可以根据这些服务功能解释数据的含义。

七、应用层

应用层的功能就是为用户提供各种各样的网络应用服务，如文件传输、电子邮件、WWW、远程登录等。网络应用的种类很多，有些是各类用户通用的，有些则是少数用户使用的，并且新的网络应用层出不穷。应用层负责把那些通用的应用层功能标准化，以免出现许多互不兼容的应用层通信协议标准。常见的应用层标准化通信协议有 HTTP 协议（WWW）、SMTP 协议（E-mail）、FTP 协议（文件传输）、SNMP（网络管理）等。

单元三　网络互连设备

网络的功能与协议是分层的，因此，网络互连设备也是分层的。

按网络互连设备是对哪一层（可能包括下层）进行协议和功能的转换，可以将它们分为转发器、网桥（桥接器）、路由器和网关四类。无论是在哪一层进行互连，其复杂性主要取决于两个网络在数据传输单元格式和运行规程方面的差别程度，有的时候，一个网络中的某些功能在与另一个网络连接时不能被转换，从而有些功能在网络互连中丧失。例如，要把一个加速数据通过一个不支持加速数据的网络来转发是不可能的，除非也把它当作普通数据来传送。

一、转发器（Repeater）

转发器是一种底层设备，实现网络物理层的连接，它将网段上衰减的信号予以放大、整形成为标准信号，再转发到其他网段上去。转发器安装简单，可以用来延伸电缆的长度，扩展网段的距离，并可以将不同传输媒体的网络连接在一起，但它不能起网段之间的隔离作用。通过转发器连接的网络在物理上是同一个网络。中继器是有两个端口的转发器。集成器是一种多端口的中继器。

二、网桥（Bridge）

网桥是一种工作在数据链路层的互连设备。网桥在不同或者相同的局域网之间存储、过滤和转发帧，提供链路层上的协议转换。网桥接收一个帧，并将它向上传送到数据链路层进行检验和检查。然后该帧递交给物理层，转发到另一个不同的网络。网桥在转发帧之前可能对数据链路层的帧头做一些改变，以进行数据链路层上的协议转换，但它并不会修改也不关心帧所携带的用户数据。网桥的帧过滤功能使其可抑制数据广播风暴。

三、路由器（Router）

路由器是一种工作于网络层的网络互连设备。路由器在不同的网络间存储和转发分组，提供网络层上的协议转换。路由器从一条输入线路上接收分组，然后向另一条输出线路转发，这两条线路可能分属于不同的网络，并采用不同的协议。由于路由器和网桥的概念类似，都是接收协议数据单元 PDU，检查头部字段，并依据头部信息和内部的一张表来进行转发，人们经常会把这两种混淆。但实际上网桥只检查数据链路帧的帧头，并不查看和修改帧携带的网络层分组，它不知道帧中包含的分组究竟是一个 IP 分组还是 IPX 分组。路由器则检查网络层分组头部，并根据其中的地址信息做出决定，当路由器把分组下传到数据链路层时，它不能决定是通过以太网还是通过令牌环网传送，因为这是数据链路层的功能。

四、网关（Gateway）

网关一般是指传输层及其以上的高层协议进行协议转换的网络互连设备，又称为协议转换器。它一般分为传输层网关和应用层网关两种类型。传输层网关在传输层连接两个网络，如源端建立一条到传输层网关的 OSI 传输连接，传输层网关再与目的端建立一条 TCP 连接，这样源端和目的端就建立了一条端到端的连接。传输层网关负责进行 OSI 运输层和 TCP 协议的转换。应用层网关在应用层连接两部分应用程序。比如，用 Internet 邮件格式从一台位于 Internet 上的机器向 ISO MOTIS 邮箱发送邮件；可以首先发送一条消息给邮件网关，由邮件网关打开这条消息，将它转换成 MOTIS 格式，再把该消息转发给目的地。应用层网关的效率比较低，透明性不强，它是针对具体应用的，不是一种通用的网络互连机制。对每一个应用都建立一个网关是难以想象的，因为新的网络应用会层出不穷，并且会造成代码重复。

视频：路由器

单元四 IEEE 802 局域网系列

为使得不同厂商生产的网络设备之间能够相互通信，IEEE 802 委员会制定了一个被广为接受的局域网参考模型（通常简称 802 模型）和系列 LAN 标准，并于 1985 年被美国标准化协会（ANSI）采用成为美国国家标准。这些标准后来被国际标准化组织（ISO）于 1987 年修改，并重新颁布成为国际标准，定名为 ISO 802。

视频：IEE 802

广域网相当于 OSI 参考模型中的 1 ～ 3 层，而局域网只相当于 OSI 的 1 ～ 2 层。物理层显然是需要的，因为物理连接以及按比特在介质上传输都需要物理层。局域网不存在路由选择问题，因此局域网可以没有网络层。

一、IEEE 802 局域网参考模型

IEEE 802 局域网参考模型如图 2-2 所示。由于局域网的种类繁多，其介质接入、控

制的方法也各不相同，远远不像广域网那样简单。为了使局域网中的数据链路层不至过于复杂，在 802 模型中，将局域网的数据链路层划分为两个子层，即下面的媒体访问控制（MAC）子层和上面的逻辑链路控制（LLC）子层。

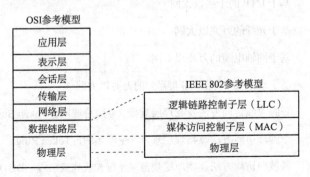

图 2-2　IEEE 802 局域网参考模型

MAC 子层与传输介质的接入有关，同时还负责在物理层的基础上进行无差错的通信。MAC 子层的主要功能如下：

（1）将上层交下来的数据封装成帧进行发送（接收时进行相反的过程，将帧拆卸）。

（2）实现和维护 MAC 协议。

（3）比特差错检测。

（4）寻址。

数据链路层中与介质接入无关的部分都集中在 LLC 子层。LLC 子层的主要功能如下：

（1）建立和释放数据链路层的逻辑连接。

（2）提供与高层的接口。

（3）差错控制。

（4）给帧加上序号。

二、IEEE 802 系列局域网标准

到目前为止，IEEE 802 委员会已制订了十多个局域网标准，见表 2-1。

表 2-1　IEEE 802 系列标准

标准代号	标准内容
802.1（A）	概述和体系结构
802.1（B）	寻址、网络管理、网间互连及高层接口
802.2	逻辑链路控制（LLC）
802.3	带碰撞检测的载波侦听多路访问（CSMA/CD）方法及物理层规范（以太网）
802.3u	快速以太网
802.3z	基于光纤的千兆以太网

标准代号	标准内容
802.3ab	基于 UTP 的千兆以太网
802.3ae	基于光纤的万兆以太网
802.3ak	基于同轴电缆的万兆以太网
802.3an	基于对绞线（屏蔽 / 非屏蔽）的万兆以太网
802.4	令牌总线访问方法及物理层规范（令牌总线网，Token Bus）
802.5	令牌环访问方法及物理层规范（令牌环网，Token Ring）
802.6	城域网访问方法及物理层规范（分布式队列双总线，DQDB）
802.9	LAN - ISDN 接口
802.10	交互性局域网安全性标准
802.11	无线局域网（WLAN），802.11b 10 Mbit/s，802.11a 54 Mbit/s
802.12	100VG ANY LAN（100 Mhit/s）
802.14	交互式电视网（包括 cable modem）

单元五　以太网系列

以太网系列是目前使用最为广泛的局域网。在整个 20 世纪 80 年代以太网与个人计算机同步发展，其传输率自 20 世纪 80 年代初的 10 Mbit/s 发展到 20 世纪 90 年代达到 100 Mbit/s。以太网支持的传输媒体从最初的同轴电缆发展到双绞线和光缆。星型拓扑的出现使以太网技术上了一个新台阶，获得更迅速的发展。从共享型以太网发展到交换型以太网，并出现了全双工以太网技术，致使整个以太网系统的带宽十倍、百倍地增长。目前百兆、千兆以太网成为主流，万兆以太网已开始应用。

一、以太网概述

以太网是指按照 IEEE 802.3 标准规定的，采用带碰撞检测的载波侦听多路访问（CSMA/CD）方法对共享媒体进行访问控制的一种局域网。

最早试验型以太网是由 Xerox 公司在 20 世纪 70 年代中期开发的，它是在 2.94 Mbit/s 传输率的基带粗同轴电缆上工作。当时人们认为"电磁辐射是可以通过发光的以太来传播的"，故命名为以太网。

视频：以太网

此后，Xerox 公司得到 DEC 和 Intel 公司的支持，三家公司一起参加标准和器件的开发工作。1980 年，以太网 1.0 版由三家公司联合发表称为 DIX80（取 3 家公司的首字母拼成），这就是现代著名的以太网蓝皮书，全称为"以太网，一种局域网：数据链路层和物理层规范，1.0 版"。它与试验型系统的主要差别在于采用了 10 Mbit/s 传输率。到了 1985 年，

IEEE 802 委员会正式推出 IEEE 802.3 CSMA/CD 局域网标准，它描述了一种基于 DIX 以太网标准的局域网系统。此后，IEEE 802.3 标准又被国际标准化组织（ISO）接收成国际标准，成为正式的开放性的世界标准，被全球工业制造商所承认和采纳，以太网的国际标准为 ISO/IEC 8802-3。802.3 LAN 与以太网差别甚微，通常混用。

以太网的核心思想是利用共享的公共传输媒体（常规共享媒体以太网只以半双工方式工作），整个以太网在同一时刻要么发送数据，要么接收数据，而不能同时发送和接收。对所有的用户，共享以太网都依赖单条共享信道，所以在技术上不可能同时接收和发送。

从 20 世纪 80 年代初到 90 年代末近 20 年的时间里，随着网络技术及其应用的急剧发展，以太网产品及其技术不断更新和扩展，在拓扑结构、传输率和相应的传输媒体方面与原来的 DIX 标准相比有了很大的变化，形成了系列以太网，其主要技术及其标准见表 2-2。

表 2-2　以太网发展简况

年份	类型	标准	使用媒体
1982 年	10BASE5	802.3	粗同轴电缆
1985 年	10BASE2	802.3a	细同轴电缆
1990 年	10BASET	802.3i	非屏蔽对绞线
1993 年	10BASEFL	802.3j	光纤
1995 年	100BASET	802.3u	非屏蔽对绞线 / 光纤
1997 年	全双工以太网	802.3x	
1998 年	1000BASEX	802.3z	光纤 / 屏蔽对绞线
1999 年	1000BASET	802.3ab	非屏蔽对绞线
2002 年	10GBASE - xx	802.3ae	光缆
2004 年	10GBASE -CX4	802.3ak	同轴电缆
2006 年	10GBASE -T	802.3an	非屏蔽、屏蔽对绞线

注：根据采用光源和光纤类型的不同，xx 可以是 sr、lx4、lr、er、sw、lw、ew。

二、10 Mbit/s 以太网

根据使用媒体的不同，10 Mbit/s 以太网有四种类型，其物理性能比较见表 2-3。它们都是共享媒体型以太网。对于共享媒体型网络来说，网上任何站点不存在预知的或由调度来安排的发送时间，每一个站点的发送都是随机发生的，因为不存在要用任何控制来确定该轮到哪一个站点发送，因此，网上所有站点都会随机争用同一共享媒体。这会导致传输信号的混乱，无法正确传输。以太网在共享媒体上采用 CSMA/CD（带碰撞检测的载波帧听多路访问技术），来解决"下一个该哪个站点往共享媒体上发送帧"的问题。

表 2-3　4 种 10 Mbit/s 以太网物理性能比较

物理性能	10BASE5	10BASE2	10BASET	10BASEFL
收发器	外置设备	网卡内置芯片	网卡内置芯片	网卡内置芯片
传输媒体	10 mm 75 Ω 同轴电缆	5 mm 50 Ω 同轴电缆	3、4、5 类 UTP	62.5/125 多模光纤
最长媒体段	500 m	185 m	100 m	2 000 m
拓扑结构	总线	总线	星状	星状
中继器 / 集线器	中继器	中继器	集线器	集线器
最大跨距	2 500 m	925 m	500 m	4 000 m
媒体段数	5 段	5 段	5 段	2 段
网卡上的连接器	15 芯 D 型 AUI	BNC、T 型头	RJ -45	ST

一个要想发送帧的站首先侦听媒体，以确定是否有其他的帧正在传输。如果有的话，则等待一段时间再试；若媒体空闲，即可发送，但仍有可能其他站判断媒体空闲后也会发送（这些站点可能靠得很近，也可能相距甚远）。这样就会发生帧碰撞现象，造成帧的破坏，无法使网络正常工作。因此，一个站发送帧的同时必须随时检测是否发生碰撞。若帧发送完毕一直未检测到碰撞，则表示此站成功地占用媒体，帧发送成功；若在发送帧的过程中检测到碰撞，说明帧未发送成功，应立即停止发送，等待一个随机时间重新发送。以太网 CSMA/CD 的发送和接收流程如下：

（1）发送规则。

①若媒体空闲，则进行发送，否则进行步骤②。

②若媒体忙，则继续帧听，一旦发现媒体空闲，就进行发送。

③若在帧发送过程中检测到碰撞，则停止发送帧（形成不完整的帧，称"碎片"在媒体上传输），并随即发送一个 Jam（强化碰撞）信号以保证让网络上所有的站都知道已出现了碰撞。

④发送了 Jam 信号后，等待一段随机时间，再重新尝试发送（即返回步骤①）。

（2）接收规则。

①网络上的站点，若不处在发送帧的状态，则都处在接收状态。只要媒体上有帧在传输，处在接收状态的站均会接收该帧，即使帧碎片也会被接收。

②完成接收后，首先判断是否帧碎片。若是，则要丢弃；若不是，则进行第③步。

③识别目的地址。在本步中确认接收帧的目的地址与本站点的以太网 MAC 地址是否符合。若不符合，则丢弃接收的帧；若符合，则进行第④步。

④判断帧的检验序列是否有效。若无效，即传输中可能发生错误，错误的帧可能包括多位或漏位以及真正的 CRC 差错；若有效，则进行第⑤步。

⑤接收成功后，则解开帧，形成 LLC - PDU 提交给 LLC 子层。

10BASE5 是最早也是最经典的以太网标准，称"DIX"，它的物理层结构特点是外置收发器，使用价格较高的、直径为 10 mm、阻抗为 75 Ω、需专业安装的同轴电缆，即

"粗同轴电缆"。

到了 20 世纪 80 年代中期，出现了 10BASE2。由于 10 BASE2 组网价格低，特别是网卡上内置收发器，以及用直径 5 mm、阻抗 50 Ω 的同轴电缆，即"细同轴电缆"，一方面节省了一个外置收发器，另一方面配上价格低的细同轴电缆，不仅整个 LAN 系统建设的价格远远低于 10BASE5，而且免于专业化的安装技术。但由于每经过一个站点，就要分割电缆，形成两个电缆连接点。站点越多，电缆连接点就越多。如连接点处接触不良可能造成 LAN 系统不能稳定可靠工作。相比之下，在 WBASE5 的系统结构上，由于媒体段是一根完整的不分割的同轴电缆，整个媒体段上的可靠性仅仅局限在某个站点的收发器与媒体段接触不良而形成该站点无法稳定上网的问题，而并不影响到整个媒体段系统的可靠性，因此一些点较多、规模较大的以太网系统还是选用 10 BASE5，而宁愿付出较高的价格。

20 世纪 80 年代末，10BASET 由于其使用低价的非屏蔽双绞线（UTP），以及具有星状拓扑结构很快就成为主流 10 Mbit/s 以太网。1993 年出现了使用多模光纤传输介质的 10 BASEFL，主要用于延伸网段距离和恶劣的电磁环境。

进入 20 世纪 90 年代后，基于 10 BASET 技术，以太网技术和组网技术获得了空前的发展。可以认为，在 LAN 的发展历史中，10 BASET 技术是现代以太网技术发展的里程碑。

三、快速以太网

100 Mbit/s 快速以太网的拓扑结构、帧结构及媒体访问控制方式完全继承了 10 Mbit/s 以太网的 802.3 基本标准。与 10 BASET 类似，既有共享型集线器组成的共享型快速以太网系统，又有快速以太网交换器构成的交换型快速以太网系统。快速以太网的 10 M/100 M 自适应技术可保证 10 Mbit/s 以太网能够平滑地过渡到 100 Mbit/s 以太网。在统一的 MAC 子层（IEEE 802.2）下面，有 3 种快速以太网的物理层，每种物理层使用不同的传输介质以满足不同的布线环境，因此快速以太网主要有 3 种类型：

（1）100BASETX：传输介质使用 5 类 UTP，只用其中 4 根线（2 根发送，2 根接收），最长距离为 100 m，使用与 10 BaseT 一样的 RJ-45 连接器。可作为智能建筑楼层 LAN 或主干网。

（2）100BASEFX：传输介质通常使用 62.5 或 125 的多模光纤，以及单模光缆。在全双工模式下，多模光缆段长度可达 2 km，而单模光缆段长度可达 40 km。单模光缆的价格比多模光缆高得多，适合用作智能大厦、智能小区的主干网。半径在 2 km 范围内宜用多模光缆，否则必须用单模光缆。

（3）100BASET4：传输介质基于 3 类 4 对 UTP。适用于原来采用 8 芯 3 类 UTP 布线的建筑物在不用更换线缆的情况下从 10 Mbit/s 以太网升级到 100 Mbit/s 以太网。

四、千兆以太网

千兆以太网（802.3z）和以太网（802.3）、快速以太网（802.3u），具有相同的 LLC（逻辑链路控制）层（802.2）和 MAC（媒体访问控制）层（CSMA/CD，相同的以太帧格式和帧长，半双工及全双工处理方式），但在物理层上有较大区别。

（1）千兆以太网的类型（根据物理层，即编码／译码方案和传输介质的不同）如下。

①1000BASECX：使用一种短距离（25 m）的屏蔽双绞线，这是一种 150D 的平衡双绞线对的屏蔽铜缆，并配置 9 芯 D 型连接器。它适用于一个机房内的设备互连，如交换器之间、千兆主干交换器与主服务器之间的连接，这种连接通常在机房配线柜上以跨线方式连接即可。

②1000BASETX（802.3ab）：使用 4 对 5 类 UTP（有的厂家的产品不行）和 6 类 UTP，RJ-45 连接器，无中继最大传输距离 100 m。其可作为智能建筑的主干网。

③1000BASELX：在收发器上配置了长波激光（波长一般为 1 300 nm）的光纤激光传输器，它可以驱动 62.5 μm、50 μm 的多模光纤和 9 μm 的单模光纤。在全双工模式下，多模光缆可达 550 m，单模光缆可达 5 km。连接光缆所用的 SC 型光纤连接器与 100BASEFX 使用的相同。其适用于智能小区和校园网的主干网。

④1000BASESX：在收发器上配置了短波长激光（波长一般为 800 nm）的光纤激光传输器，只能驱动 62.5 μm 和 50 μm 的多模光纤。在全双工模式下，前者最长距离为 550 m，后者为 525 m。光缆连接器为与 1000BASELX 一样的 SC 连接器。其可作为智能建筑主干网。

（2）千兆以太网的主要特点如下。

①完全采用交换方式：每端口独占 1 G 带宽。

②预留带宽：通过 RSVP（Resource Reservation Protocol）资源预留协议为特定的应用提供预留的带宽，满足特定应用对带宽的需求。

③提供优先级服务：通过采用新的协议，如 IEEE802.1q 和 802.1p，为网络中的应用提供优先级和虚拟网络等服务。

④支持第 3 层交换：为避免网络互连设备成为网络瓶颈，千兆以太网支持 L3 交换，即千兆以太网交换机保持交换机的低时延性能，还具有路由器的网络控制能力。

⑤平滑过渡：千兆以太网保持了以太网的主要技术特征，如仍采用 CSMA/CD 介质访问控制协议，仍支持 UTP，相同的帧长与格式，支持半双工和全双工方式等，保证了从以太网到快速以太网的平滑过渡。

五、万兆以太网

2002 年 6 月，IEEE 802.3ae 任务小组颁布了一系列基于光纤的万兆以太网的标准，能够支持万兆传输的距离为 300 m（多模光纤）至 40 km（单模光纤）。

到 2004 年，又通过了基于同轴电缆的 802.3ak 标准，该标准的发布，使得万兆端口价格迅速下降。

2006 年 6 月，IEEE 802.3an 任务小组通过了基于铜缆的万兆以太网标准 10GBASE-T。6e 类非屏蔽对绞线可在 55 m 的距离内支持 10GBASE-T，而 6a 类非屏蔽对绞线和 7 类屏蔽对绞线能在最长 100 m 的距离内支持 10GBASE-T。相对于基于光纤的万兆以太网，基于铜缆的万兆以太网的性价比得到大幅度的提升。

万兆以太网适用于高带宽的大楼主干网、大型园区网、数据中心服务器集群和城域网。

单元六　TCP/IP 协议

伴随着 Internet 的发展和普及，TCP/IP 协议已成为事实上的网络互连国际标准。智能建筑中 IBMS、BMS 的管理层局域网的发展方向是 Intranet（内联网），也采用了 TCP/IP 协议。TCP/IP 是一组协议的总称，因其中两个最重要的协议——TCP 协议和 IP 协议而得名。TCP/IP 的体系结构共有应用层、运输层、网络层和网络接口层 4 个层次，如图 2-3 所示。

OSI/RM	TCP/IP
应用层	应用层
表示层	
会话层	
传输层	运输层
网络层	网络层
数据链路层	网络接口层
物理层	

图 2-3　TCP/IP 与 OSI 的体系结构比较

一、应用层

应用层向用户提供一组常用的应用程序，如电子邮件等。它包含所有 TCP/IP 协议集中的所有高层协议如虚拟终端协议（Telnet）、文件传输协议（FTP）、电子邮件协议（SMTP）、域名服务 协议（Domain Name Service，DNS）、传输新闻文章的 NNTP 协议、传输 Web 页面的 HTTP 协议等。虚拟终端协议允许一台机器上的用户登录到远程机器上并且进行工作。FTP 协议提供了有效的把数据从一台机器移动到另一台机器上的方法。DNS 服务用于把主机名映射到网络地址。HTTP 协议用于从 Internet 上获取主页（Homepage）等。它们之间的关系如图 2-4 所示。

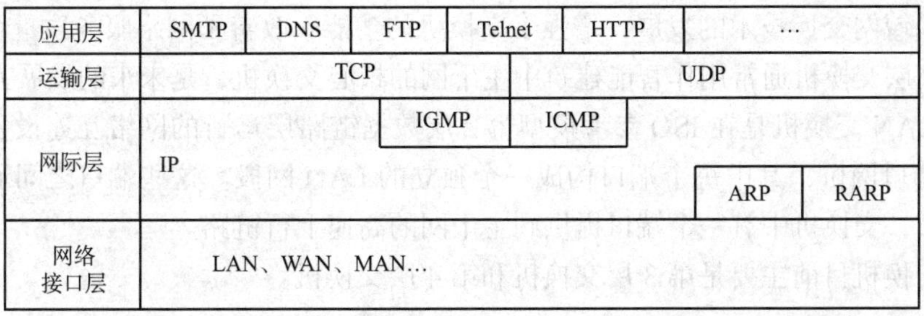

应用层	SMTP	DNS	FTP	Telnet	HTTP	...	
运输层	TCP				UDP		
网际层	IP		IGMP	ICMP		ARP	RARP
网络接口层	LAN、WAN、MAN...						

图 2-4　TCP/IP 协议集

二、运输层

运输层提供可靠的端到端的数据传输，确保源主机传送数据报正确到达目标主机。该层定义了两个端到端的协议：

（1）传输控制协议（Transmission Control Protocol，TCP）。传输控制协议是一个面向连接的可靠的传输协议，允许一台机器发出的报文流无差错地发往网络上的其他机器。它把输入的报文流分成报文段并传给网络层。在接收端，TCP 接收进程将收到的报文再组装成报文流输出。TCP 还要处理流量控制，以避免快速发送方向低速接收方发送过多的报文而导致接收方无法处理。

（2）用户数据报协议（User Datagram Protocol，UDP）。用户数据报协议是一个不可靠的、无连接协议，用于不需要 TCP 的排序和流量控制功能的应用程序。它主要应用于传输速度比准确性更重要的报文（如语音或视频报文）。

三、网络层

网络层的功能是使主机可以将 IP 数据报发往任何网络并使数据报独立传向目标（可能经由不同的网络）。这些数据报达到的顺序和发送的顺序可能不同，因此如果需要按顺序发送及接收时，高层必须对数据报排序。该层定义了正式的 IP 数据报格式和协议，即 IP 协议（Internet Protocol）。网络层需要将数据报发送至应该去的地方，所以，该层还要处理路由选择、拥塞控制等问题。

四、网络接口层

负责通过物理网络发送 IP 数据报，或者接收发自物理网络的帧且将其转为 IP 数据报，交给网络层。这里的物理网络是指任何一个能传输数据报的通信系统，这些系统大到广域网、小到局域网甚至点到点连接线路。正是这一点使得 TCP/IP 具有相当的灵活性，即与网络的物理特性无关。

单元七 高层交换技术

高层局域网交换技术的发展，增强了交换机的功能，改善了网络服务质量，降低了网络成本。高层交换机通常用作智能建筑中主干网的核心交换机，是未来的发展方向。

传统 LAN 交换机是在 ISO 参考模型第 2 层数据链路层运行的网络互连设备，实质上是一种多端口网桥，其中每个端口构成一个独立的 LAN 网段。这些端口之间通过桥接方式进行通信，交换机中有一个端口提供到主干网的高速上行链路。

高层交换机目前主要是第 3 层交换机和第 4 层交换机。

一、第 3 层交换机

第 3 层交换机也称为路由交换机，它涉及 ISO 参考模型的第 2 层数据链路层和第 3 层网络层。

在 ISO 参考模型的第 3 层，依据网络层地址（如 IP 地址）选路的工作通常是由路由器通过 CPU 运行相应软件实现的。由于路由器价格较高且转发速率慢，日益成为高速网络发展的瓶颈。第 3 层交换（又称 L3 交换）就是在保留 L2 交换机线速交换优点的基础上，集成第 3 层的路由功能，使其成为具备路由器功能的交换机。

第 3 层交换机选路方面的功能与路由器相比较为有限。例如，要将某些端口设置为特定的 IP 子网，可将某个端口设定为"默认路径"，当数据分组需要选路至其他子网时就通过该端口传输。此时必须明确交换机如何处理不能选路的分组，明确是采用桥接方式，还是丢弃分组。为了提高处理速度，尽可能采用交换，仅在必要时选路。因为选路的逻辑显然比交换的逻辑复杂得多，从而影响数据分组的传输速度。.

第 3 层交换机的目标在于同时具有以下两项特征：交换网络的速度及选路网络的控制。它常采用专用集成电路（ASIC）技术将以前用软件实现的功能固化在硬件中。许多交换机中都使用多个 ASIC 以实现并行性，使得多端口之间具有线速传输速率。该种交换机的另一个特征是它支持的功能仅仅是功能完备的路由器的子集。减少功能通常需要压缩代码，因而能够提高性能。例如，许多第 3 层交换机都提供 IP 选路解决方案，但不支持多协议。

二、第 4 层交换机

第 3 层交换虽然可以在很大程度上解决路由器的瓶颈问题（即路由器的分组交换和路由选择都是由通过运行路由器中的软件实现的），可以近线速来转发分组，但是对转发的分组中应用的类型（分组中的应用层报文段是采用何种应用层协议传输的）是无法知道的，因为第 3 层交换机是工作在网络层。对于采用 TCP/IP 协议的数据包，第 2 层交换根据 MAC 地址进行交换，第 3 层交换根据分组 IP 地址进行交换，第 4 层交换可根据 TCP/UDP 端口号识别转发报文的应用类型。

第 4 层交换允许根据应用类型（HTTP、SMTP、FTP、SNMP 等）划分分组的优先级，这使得网络管理员能够在白天限制某些特定应用的通信量，将一定量的带宽用于重要的应用。例如企业可以选择减少万维网（HTTP）或文件传输协议（FTP）的通信量，而给电子邮件的简单邮件传输协议（SMTP）设置更高的优先级。

三、第 7 层交换机

在第 4 层交换时虽然可以对端口进行分析来识别应用的类型，但是对于通过 TCP/IP 端口的传输流的内容无法识别和处理。而第 7 层的智能交换能够实现进一步的控制，即对所有传输流和内容的控制。这种交换机可以打开传输流的应用 / 表示层，分析其中的内容。因此，可以根据应用的类型而非仅仅根据 IP 和端口号做出更智能的流向决策。交换机具有了区别各种高层的应用和识别内容的能力。这时的交换机不仅能根据数据包的 IP 地址或者端口地址来传送数据，而且还能打开数据包，进入数据包内部并根据包中的信息做出负载均衡、内容识别等判断。其中的一个典型例子就是根据 URL 的具体内容的识别交换。

第 7 层交换技术可以定义为数据包的传送不仅仅依据 MAC 地址（第 2 层交换）或源 / 目标 IP 地址（第 3 层路由）及依据 TCP/UDP 端口（第 4 层地址），而是可以根据内容（表示 / 应用层）进行。这样的处理更具有智能性，交换的不仅仅是端口，还包括了内容，因此第 7 层交换机是真正的"应用交换机"。

这类具有第 7 层认知的交换机可以应用在很多方面，对同类型的应用可根据内容被赋予不同的优先级。譬如，网络电子商务提供商使用 80 端口提供用户服务，但是对于不同的 Web 请求他们希望不同对待，如浏览一般商品的 Web 请求的级别比用户发出的定购 Web 请求要低一些，而且处理起来也不一样。这样需要识别 80 端口中的具体的 URL 内容来进行判断，赋予不同的优先权交换到不同的处理器上去。更进一步，可能需要对不同级别的用户的 Web 请求给予不同 QoS 优先权，这样就需要对数据请求的内容进行识别，这种对交换的高智能化要求就只能通过第 7 层交换来实现。

单元八　虚拟局域网

虚拟局域网（VLAN，IEEE802.1Q 标准）是在交换型 LAN 物理拓扑结构基础上建立一个逻辑网络，使得网络中任意几个 LAN 或（和）单台计算机能够根据用户管理需要组合成 个逻辑上的 LAN。一个 VLAN 可以看成是若干站点（服务器 / 客户机）的集合，这些站点不必处于同一个物理网络中，可不受地理位置限制而像处于同一个物理 LAN 那样进行信息交换。VLAN 之间通常用路由器互连。VLAN 对于网络设计、管理和维护带来一些根本性的改变。

VLAN 在智能建筑中大有用武之地：如用于目前智能住宅小区广泛采用的以太网宽带接入网中，可解决网络安全、数据隔离、用户管理等方面以太网接入所存在的问题；用于智能写字楼，可以根据租售用户的变动，灵活地组织各单位的内部局域网等。

一、VLAN 的主要特点

1. 降低网络建设管理成本
借助 VLAN 网管软件，可以轻松地构建和配置 VLAN，避免建设复杂而高价的物理 LAN，大大降低网络建设成本和网络管理开销。

2. 抑制广播风暴
VLAN 实际上代表着一种对广播数据进行抑制的非路由器解决方案。通过将 LAN 划分为若干个 VLAN，实质上缩小了广播域的范围。一个站点发送的广播帧只能广播到其所在的 VLAN 中的那些站点，其他 VLAN 的站点则接收不到。

3. 提高网络安全性
可基于多种安全策略来划分 VLAN，如按照应用类型、访问权限等将被限制访问的资源置于安全的 VLAN 中。

二、VLAN 的实现方式

VLAN 是基于交换网络的，可以通过以下几种技术实现 VLAN。

1. 基于端口的 VLAN

将一台或多台交换机上的若干端口划分为一组，网络设备根据所连接的端口确定其成员关系。

基于端口的 VLAN 的优点如下：

（1）技术简单，易于理解和管理。

（2）厂商常用的方法。

（3）在一个企业中，对于连接不同的交换机的用户，可以创建用户的逻辑分组。

（4）由于端口可以连接集线器，而集线器支持共享媒体的多用户网络，因此基于端口的分组方案能够将两个或多个共享媒体的网络分为一组。

基于端口的 VLAN 的缺点如下：

（1）依赖于交换机的物理端口，无法保证网络站点在网络中方便移动。

（2）跨交换机设置 VLAN，难以保证 VALN 配置的一致性。

（3）每个端口不能加入多个 VLAN。

2. 基于 MAC 地址的 VLAN

基于 MAC 地址的 VLAN 根据网络设备的 MAC 地址确定 VALN 的成员关系。实现时，根据不同 VLAN 中的 MAC 地址对应的 LAN 交换机端口，实现 VLAN 广播域的划分。

基于 MAC 地址的 VLAN 的优点是由于设备的 MAC 地址是内置的，因此 VLAN 成员关系相对稳定。当设备移动时，不需要重新配置。

基于 MAC 地址的 VLAN 的缺点如下：

（1）如果交换机的端口连接的几个 MAC 地址属于不同的 VLAN，会导致交换机的性能下降，因为正确过滤通信量要求交换机进行过多的处理。

（2）VLAN 成员关系与网络设备绑定，不能随意将一台主机连接到网络中，使其成为 VLAN 的一员。

（3）所有用户必须配置在至少一个 VLAN 上。

（4）更换网卡后，VLAN 需要重新配置。

3. 基于协议的 VLAN

基于协议的 VLAN 是把具有相同的 OSI 第 3 层协议（如 IPJPX 或 AppleTalk 等）站点归并为一个 VLAN。有下面一些定义 VLAN 协议的策略：

（1）所有的第 3 层协议（如 IPJPX 或 AppleTalk）流量。

（2）所有指定以太网类型的流量。

（3）所有携带源点和目的服务访问点（SAP）首部的流量。

（4）所有携带指定子网访问协议（SNAP）类型的流量。

基于协议的 VLAN 划分方式的优点如下：

（1）支持根据协议类型分组。

（2）一个端口能够加入多个 VALN 中的第 3 层地址。

（3）不需要帧标记。

（4）非常适合于 IP 子网配合（它能够根据子网设置 VLAN，不必对每个用户进行单独的设置）。

基于协议的 VLAN 划分方式的缺点如下：

（1）影响性能，必须读取数据包。

（2）不支持"非路由"协议，如 NetBIOS。

（3）对于某些交换机，无法将一个需要帧标志的端口配置为支持多个子网。如果支持，也会与执行动态 IP 地址分配的 DHCP 冲突，因为地址需要"硬编码"。

4. 基于网络地址的 VLAN

按照交换机连接的网络站点的网络层地址（例如 IP 地址或 IPX 地址）划分 VLAN，确定交换机端口所属的广播域。定义的网络地址的策略包括：

（1）IP 网络地址和 IP 网络掩码。

（2）IPX 网络编号和封装类型。

基于网络地址的 VLAN 划分的优点如下：

（1）与利用路由器划分广播域达到的效果十分接近，从划分广播域、限制报文的不同的角度来看，VLAN 能够取代路由器。

（2）可以允许站点方便地移动，而无须改动任何配置。

基于网络地址的 VLAN 划分的缺点是不同的 VLAN 之间的连接仍需要通过"路由"功能实现。

5. 基于定义规则的 VLAN

用户网络管理员可以根据帧的指定域中的特定模式或特定取值，定义满足特殊应用需求的 VLAN。所有在指定域中具有特定模式或特定取值的帧的网络站点可构成基于用户定义规则的 VLAN。事实上，前面几种 VLAN 都基于某种共同的策略，都是通过分析帧的相应域、根据设定的策略（如 MAC 地址、协议类型、网络地址）确定每个交换机端口固定的流量特征，划分每个交换机端口所属 VLAN，达到隔离广播域、抑制广播流量的目的。为了创建用户定义的策略，一般需要定义以下几个部分。

（1）偏移量：指定域在整个帧中的位置。

（2）取值：指定域的取值。

（3）掩码：定义在这些值中应当识别的比特。

基于定义规则的 VLAN 划分方式的优点是能够定义应用需求的 VLAN。其缺点一是没有公认的标准，二是要求 LAN 交换机具有相应的规则定义的固定格式。

单元九　无线局域网

一、概述

无线局域网（Wireless LAN，WLAN）是计算机网络与无线通信技术相结合的产物。它不受电缆束缚，可移动，能解决因有线网布线困难等带来的问题，并且具有组网灵活、扩容方便、与多种网络标准兼容、应用广泛等优点。WLAN 既可满足各类便携机的入网要求，也可实现计算机局域网远端接入、图文传真、电子邮件等多种功能。

无线局域网可以在普通局域网基础上通过无线集线器（Hub）、无线接入站（也译作网络桥通器，Access Point，AP）、无线网桥、无线 Modem 及无线网卡等来实现，以无线网卡最为普遍，使用最多。不过，无线网络产品通常是一机多用。例如，几乎所有无线网络产品都自含无线发射 / 接收功能，有的无线路由器覆盖了无线网桥的功能，一些无线Modem 经适当组合可以形成无线集线器（Hub），具有组合灵活、多样等特点。

无线局域网的传输介质一般是红外（IR）或射频（RF）波段，以后者使用居多。

红外线局域网采用小于 1 波长的红外线作为传输媒体，有较强的方向性，受太阳光的干扰大；支持 1 ～ 2 Mbit/s 数据速率，适于近距离通信。而采用射频作为媒体，覆盖范围大，发射功率较自然背景的噪声低，基本避免了信号的偷听和窃取，使通信非常安全。

这其中，无线局域网一般普遍采用扩频微波技术，主要是由于如下因素：

（1）使用的频段有三个：L 频段（902 ～ 928 MHz）、S 频段（2.4 ～ 2.483 5 GHz）、C频段（5.725 ～ 5.85 GHz），大多数产品使用 S 频段。

（2）采用扩频技术，特别是直接序列扩频调制方法具有抗干扰、抗噪声能力，抗衰减能力，隐蔽性、保密性强，不干扰同频的系统等特点，具有很高的可用性。

无线局域网协议通常采用 802.11 系列。

二、基于 WLAN 的 LAN 互连方式

对于不同局域网的应用环境与需求，无线局域网可采取不同的网络结构来实现互连。

（1）网桥连接型：不同的局域网之间互连时，由于物理上的原因，若采取有线方式不方便，则可利用无线网桥的方式实现两者的点对点连接。无线网桥不仅提供两者之间的物理与数据链路层的连接，还为两个网的用户提供较高层的路由与协议转换。

（2）基站接入型：当采用移动蜂窝通信网接入方式组建无线局域网时，各站点之间的通信是通过基站接入、数据交换方式来实现互连的。各移动站不仅可以通过交换中心自行组网，还可以通过广域网与远地站点组建自己的工作网络。

（3）Hub 接入型：利用无线集线器（Hub）可以组建星形结构的无线局域网，具有与有线集线器（Hub）组网方式相类似的优点。在该结构基础上的无线局域网，可采用类似于交换型以太网的工作方式，要求 Hub 具有简单的网内交换功能。

（4）无中心结构：要求网中任意两个站点均可直接通信。此结构的无线局域网一般使用公用广播信道，MAC 层采用 CSMA 类型的多址接入协议。

三、标准

1. IEEE 802.11

IEEE 802.11 协议于 1997 年正式提出，使用 24 GHz 频段，可以支持 100 m 距离内的2 Mbit/s 传输速率，其中物理层支持三种调制方式：

（1）红外传输。

（2）直接序列扩频（DSSS）。

（3）跳频扩频（FHSS）。

2. IEEE 802.11b

802.11b 又被称为 802.11HR（High Rate），于 1999 年获得通过，兼容 802.11。在物理层，与 802.11 使用相同的频段，传输速率可达到 11 Mbit/s，室内传输距离可以支持 100 m。目前装机数量在 1 000 万台以上。

3. IEEE 802.11a

在 802.11b 推出之后，802.11a 小组又推出了更高频段、更高速率的 802.11a 标准。802.11a 使用的是 5 GHz 的频段，传输速率高达 54 Mbit/s，室内传输距离达到 50 m。不过，支持 802.11a 的芯片还没有完全进入市场，其设备价格高，针对点对点连接很不经济。

4. IEEE 802.11g

由于 IEEE 802.11b 和 IEEE 802.11a 工作在不同的频段，物理层调制方式也不同，IEEE802.11a 不能兼容目前的 IEEE 802.11b 的产品。由于 5 GHz 的频段在许多国家还没有获得正式批准，而 11 Mbit/s 的传输速率满足不了视频服务高带宽的需求，针对这些情况，IEEE 802 小组于 2001 年 11 月 15 日通过了最新的 IEEE 802.11g 标准。IEEE 802.11g 兼容 IEEE 802.11b，即 11 Mbit/s 的 IEEE 802.11b 用户可以容易地升级到 54 Mbit/s 的 IEEE 802.11g，从而为已经安装了 802.11b 的局域网，并希望拥有更高数据速率，但担心 802.11a 与其现有网络不兼容而疑惑的用户解决了无缝迁移的问题。

单元十　Intranet

Intranet 在国内的译名是内联网。简单来说，Intranet 就是将 Internet 技术（TCP/IP、WEB、B/S 模式）等应用于 LAN 中。它不是一种新的网络产品，而主要是一种概念和方法。它结合 Internet 的跨平台、B/S 计算模式和 LAN 的高带宽、安全性好、易于管理等优点，使得网络应用系统的开发、维护和使用变得更加高效、便利和简单。单位内部用

视频：**Intranet**

户既可以通过客户机上的浏览器（也就是用上 Internet 一样的方法）访问内部 Web 服务器上的共享资源，收发电子邮件，使用业务应用系统等，也可访问单位外部因特网上的各种服务。外部用户也可访问单位 Web 服务器上发布的信息。当单位内部的 Intranet 与外部的 Internet 相连时，就必须考虑如何防止外部网络入侵者对单位内部敏感信息的非法获取问题。以防火墙为代表的被动防卫型安全保障技术已被证明是一种较有效的措施。防火墙是一个包括硬件（计算机或 / 和路由器等）和软件的系统，置于内外网络之间，是内外网络通信的桥梁，根据本单位的安全策略，对通过防火墙的数据进行检查，允许地让其通过，不允许的禁止通过。其基本实现技术有：包过滤技术和代理服务技术；防火墙主要用来防范来自单位外部的攻击；必要的话内、外网之间可以完全断开。

一、Intranet 的基本功能、作用与特点

1. Intranet 的基本功能

Intranet 的功能有许多，最基本的可归纳为以下几种：

（1）文件传送功能。文件传送功能是基于 FTP（File Transfer Protocol）协议的，网络

上的两台计算机无论地理位置如何，只要它们都支持 FTP，则网上用户可将需要的文件在两台计算机之间进行传送。使用 FTP 几乎可以传送任何类型的正文文件、二进制文件、图像文件、声音文件和数据压缩文件等。

（2）信息发布功能。企业信息的发布，如电话号码、企业法规、工作计划和有关文件等可以存储在 Web 服务器上供企业内部客户或授权的外部客户，通过浏览器方便地查询。这些信息是以 HTML 页面方式发布的。

（3）电子邮件 E-mail。E-mail 是一种通过计算机网络与其他用户进行联系的快速、简便、高效和价格低的现代化通信手段，在世界范围内得以普遍采用。它采用"存储转发"方式传送电子信件，邮件服务器充当"电子邮箱"，在网上建有账号的 PC 通过"电子邮箱"收发电子信件，非常方便。

（4）用户与安全管理。根据具体情况建立用户组，用户组由若干个用户组成，可以对不同的用户组或用户设置不同的访问权限，以达到对各种信息的访问权限进行控制的目的，对于需要在传输中保密的信息，还可以采用加密技术和手段，保护信息提供者的利益。

（5）网络新闻服务。运用新闻讨论组、广告栏或群组讨论软件，企业内部的网络用户可以就共同关心的问题相互交换意见，充分沟通。每个用户可以自由地向网上发送自己的文章或信息，阐明自己的观点或提出问题。

（6）数据处理与查询。通过 WWW 的某些技术，实现 Web 服务器与数据库系统的连接，完成对数据的处理与查询，用户可以通过操作简单易用的浏览器来查询所需要的数据、声音和图像信息。

2. Intranet 的作用

Intranet 与传统的企业管理信息系统相比有很多优点，其最大的优点在于企业内外部的信息交流，不仅减少了通信联络费用，还可以加强管理，提高工作效率，改进客户服务质量，提供新的商业机会，改进决策手段。这些优点使得 Intranet 大有取代传统的企业内部管理系统之势。

3. Intranet 的特点

Intranet 之所以在世界范围内为众多用户所接纳，是因为它有一系列优势，归纳起来其主要特点如下：

（1）它的协议和标准是公开的，它不局限于任何硬件平台和操作系统，用 HTML、Java 和 JavaScript 开发的应用，可以简单地移植到任何平台上，所以跨平台性是 Intranet 最重要的特性。

（2）支持多媒体信息。数据、声音、图形和图像等多种信息，通过标准浏览器显示出来，界面统一、友好且简单易用，从而减轻了培训的工作量，减少了培训费用。

（3）由于 HTML 的简单易用，因此客户通过浏览器存取信息，文件容易共享，传递信息快速、准确。

（4）由于 Intranet 的建立、维护和教育培训费用相对低，因此采用 Internet 技术来发展企业 Intranet，可以降低企业的营运成本。

（5）Intranet 开发简单。传统管理信息系统的开发是复杂的，除要在服务器端进行大量开发外，还要在客户端进行大量开发，对不同的功能，都要重新开发用户界面。而对于

Intranet，开发者只需做服务器端开发，客户端只要安装一个通用的浏览器软件即可，不需做任何开发。

（6）在现有网络中建立 Intranet 只是改变目前企业网的应用方式和界面，并不需要改动现有企业网的物理结构，而且与现有管理信息系统可以有机地集成，平滑过渡到 Intranet。

二、Intranet 的典型结构

图 2-5 给出了 Intranet 的典型框架结构，一个构建 Intranet 的基本模型。模型中对于服务器、开发端、客户端、网管及防火墙等软件系统给出了几种选择，用户可以根据企业内部的具体情况选定。

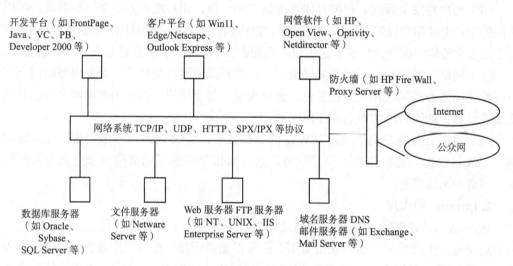

图 2-5　Intranet 典型系统结构

单元十一　网络管理

随着网络系统规模的日益扩大，网络结构也越来越复杂，网络的性能得到了更多的关注，网络管理问题愈加突出。

根据 ISO 的定义，网络管理可划分为 5 个功能域，分别完成 5 个方面的网络管理功能。

视频：网络管理

一、故障管理

故障管理是网络管理功能中与故障检测、故障诊断、故障恢复或排除等措施有关的网络管理功能，其目的是保证网络能够提供连续、可靠的服务。由于故障解决的重要性，该功能也是 ISO 5 个管理域中应用最广泛的功能。

二、配置管理

配置管理的目标是监视网络和系统配置信息，以便跟踪和管理网络硬件和软件的变化对网络造成的影响，以实现某个特定功能或使网络性能达到最佳。它是网络管理的基本功能。

三、计费管理

计费管理的目标是随时测量网络资源的使用参数，以合理控制网络上的用户或用户组。这种控制使网络问题减到最少，还可最大化地实现所有用户对网络资源的公平访问。

四、性能管理

性能管理的目标是测量各方面的网络性能并使各项性能正常发挥，保持在用户可接受的水平。性能参数包括网络吞吐力、用户响应时间等。性能管理需要获得配置管理服务和故障管理服务的共同支持，才能完成对各种对象的参数收集和控制行为。

五、安全管理

安全管理的目标是根据本地策略控制对网络资源的访问，保证网络不被有意或无意地破坏，敏感信息不被非授权用户访问。因为网络系统的安全问题与系统的其他管理构件有密切关系，所以要实现对网络安全的控制与维护，安全管理设施往往要调用一些其他管理的服务功能。

互联网工程任务组（Internet Engineering Task Force，IETF）制定了常用的公共网络管理标准，包括简单网络管理协议（Simple Network Management Protocol，SNMP），远程网络监视（Remote MONito-ring，RMON）和交换型网络监视（Switched MONito-ring，SMON）。

1. SNMP

SNMP 是目前 TCP/IP 网络中应用最为广泛的网络管理协议。SNMP 是由一系列协议组和规范组成的，提供了一种从网络上的设备中收集网络管理信息的方法，包括三个部分：管理信息库（Management Information Base，MIB）、管理信息结构（Structure of Management Information，SMI）和管理通信协议（SNMP）。MIB 是被管对象的信息用 SMI 定义的规则描述。

RFC1213 中定义了网络管理中经常使用的一些管理信息，称为 MIB-Ⅱ。其中，各信息组分类收集的信息如下：

（1）system 组：描述了设备硬件类型、操作系统、厂商信息及系统上次重启动时间；

（2）interface 组：描述了设备接口信息；

（3）at组：描述了设备上物理地址与网络地址的映射情况；

（4）ip组：描述了有关 IP 协议的信息；

（5）icmp 组：提供了各种 ICMP（Internet Control Message Protocol）报文的入出流量及

出错情况；

（6）tcp 组：描述了当前 TCP 连接、入出流量等；

（7）udp 组：提供了当前使用的 UDP 端口、入出流量及出错情况等；

（8）egp 组：提供 EGP 的邻居表及入出流量和出错情况等；

（9）snmp 组：提供 SNMP 的入出流量及出错情况等。

SNMP 使用嵌入到网络设备中的代理软件来收集网络通信信息和有关网络设备的统计数据。代理软件不断地收集统计数据，并把这些数据记录到一个管理信息库（MIB）中。网络管理站通过向代理发出查询信号可以得到这些信息，这个过程称为轮询（polling）。为了能全面地查看一天的通信流量和变化率，网管站计算机必须不断地轮询 SNMP 代理。这样，网络管理人员就可以使用 SNMP 来评价网络的运行状况。基于 SNMP 的网管系统一般由网络管理站、被管设备代理和管理信息库（MIB）构成，基于 C/S 模式。

简单性是 SNMP 标准取得成功的主要原因，在大型的、多厂商产品构成的复杂网络中，管理协议的明晰是至关重要的，同时这又是 SNMP 的缺陷所在。为了使协议简单易行，SNMP 简化了一些功能，如没有提供成批存取机制，对大块数据进行存取效率很低；没有提供足够的安全机制，安全性很差；只在 TCP/IP 协议上运行，不支持别的网络协议；没有提供管理器与管理器之间通信的机制，只适合集中式管理，而不利于进行分布式管理；只适于监测网络设备，不适于监测网络整体。

SNMP 分为以下几个版本。

（1）SNMPv1。RFC1157 定义了 SNMP 的第一个版本 SNMPv1。RFC1157 和另一个关于管理信息的文件 RFC1155 一起提供了一种监控和管理计算机网络的系统方法。因此，SNMP 得到了广泛应用，并成为网络管理的事实上的标准。

（2）SNMPv2。1993 年 3 月完成制定 SNMPv2 标准。在 SNMPv2 标准中，重新定义了安全等级，并提供了管理器到管理器之间的通信支持，解决了 SNMPv1 的分布管理问题。具体表现为：提供了验证机制、加密机制、时间同步机制等（但安全性并未有实质性提高）；提供了一次取回大量数据的能力，效率大大提高；增加了管理器和管理器之间的信息交换机制，从而支持分布式管理结构。由中间管理器来分担主管理器的任务，增加了远地站点的局部自主性；可在多种网络协议上运行，如 OSI、Appletalk 和 IPX 等，适用多协议网络环境（但默认协议仍是 UDP）。根据有关测试结果，SNMPv2 的处理能力明显强于 SNMPv1，大约是 SNMPv1 的 15 倍。SNMPv2 共由 12 份协议文本组成（RFC1441-RFC1452），已被作为 Internet 的推荐标准予以公布，可看出它支持分布式管理。一些站点可以既充当管理器又充当代理，同时扮演两个角色。作为代理，它们接受更高一级管理器的请求命令，这些请求命令中一部分与代理本地的数据有关，这时直接应答即可；另一部分则与远地代理上的数据有关。这时代理就以管理器的身份向远地代理请求数据，再将应答传给更高一级的管理站。

（3）SNMPv3。SNMPv3 并没有完全实现预期的目标，尤其是安全性方面，如身份验证、加密、授权和访问控制，适当的远程安全配置和管理能力等都没有实现。1996 年 6 月，IETF 组建了委员会分析针对 SNMP 安全性提出的改进方案。1997 年初，发表了关于 SNMPng 的白皮书。经过进一步加工修改，于 1999 年 4 月发布了 SNMPv3 标准。

SNMPv3 最显著的改进应属新增加的安全性特性，早先的 SNMP 版本在安全性方面有较大的缺陷。人们希望只有获得授权的用户才能使用网络管理功能，同样也只有获授权的用户才能读取网络管理信息。SNMPv3 新增的 3 个安全性特性是鉴别、保密和访问控制。鉴别特性使一个代理能够验证一条命令是否由获授权的用户发出，此命令的内容是否被改动过；保密特性使管理器和代理可以对消息加密，以防止消息内容被窃取，管理器与代理同样也要共享密钥；访问控制可对代理进行配置，令不同的管理器在代理上有不同的访问级别。

2. RMON

针对 SNMPv1 只能对网络设备，不能对网段或互联网一级进行监管，以及所监管的网络规模受限等问题，JETF 于 1991 年 11 月公布了 RMON-MIB。RMON-MIB 的目的在于使 SNMP 更为有效、更为积极主动地监控网络设备。RMON-MIB 是一种特殊的 SNMP-MIB，它由一组统计数据、分析数据和诊断数据所构成。RMON-MIB 可以提供比 SNMP-MIB 更为全面的网络管理，RMON 定义了从网络体系结构的各个层次来管理一个网络所需要的信息。通过访问 RMON 设备，可以获得更多的、更有价值的网络管理信息。RMON MIB 中定义了十组变量，工作在数据链路层。

RMON2 MIB 在前者的基础上扩展了令牌环组以及用于更高层的 10 个 RMON2 组。RMON2 MIB 提供了丰富的参数集合，为网管人员了解全网运行状况提供了丰富完善的数据支撑。RMON2 将工作范围扩大到高层，即可以监测网络层、传输层和应用层的流量。

3. SMON

与 RMON 相比，SMON 标准中定义了可作为其他 RMON 组合法数据源的物理实体（实体交换机或交换实体模块）和逻辑实体（VLAN），SMON MIB 中列出了进行交换时的数据源和数据源的性能。同时，SMON MIB 中增加了那些不适合于存放在已有的 RMON 表中的数据源的计数统计能力，MIB 组专门收集 VLAN 的流量统计和在不同优先级上的流量信息。

随着交换式技术的不断成熟和完善，已经出现了基于第三层交换的交换机，它可以在第三层进行快速数据包的交换。针对第三层交换，IETF 提出了 SMON-2 标准，它可以实现第三层及高层交换式环境的监控，SMON-2 不仅能够进行独立 IP 主机的流量统计，还能够使不在一个子网的 IP 主机及应用协议进行流量监控。由于各种针对交换监控问题方案的提出，就需要对 RMON 的扩展 SMON 进行标准化，因此，IETF 工作组形成标准 RFC2613。SMON 提供了对内部交换监控能力和如何对端口复制机制进行控制的解决方案。

目前，SMON 的扩展主要是主机过滤能力，在网络层和应用层进行流量监控时，网络管理员可以使用这些过滤器方便地设置主机和网络。在特殊情况下（对特定服务器或用户），如果网络管理员需要进行流量统计时，可以定义一个私有的 MIB 对过滤器进行控制和定义，方便地配置需要监控的主机地址和子网掩码。

随着交换式技术在现代网络中的应用，SMON 作为交换式网络管理的重要工具，基于交换机来进行网络管理，改变了传统 RMON 中把分离网段作为监控实体的弊病，有利于实现对整个网络的管理。

单元十二　网络安全

　　计算机网络安全主要是防止网络非法入侵、重要资料窃取、网络系统瘫痪等严重问题，以保证网络的畅通运行和系统的安全。

　　网络与信息安全的现实意义在于：

　　（1）国家安全建设需要。过去国家安全在于领土、领海与领空；国家安全新威胁是信息战。

　　（2）电子政务建设需要。过去政府安全主要是加强门卫，防止不法分子盗窃机密文件；新的政府安全需要内、外网物理隔离，保证网络信息安全。

　　（3）电子商务建设需要。因为网上商务身份真假难辨，需要身份认证、数字签名保证网上商务安全。

　　一般认为，目前网络存在的威胁主要表现在非授权访问、信息泄漏或丢失、破坏数据完整性、拒绝服务攻击和利用网络传播病毒等。

　　为了保证网络安全，可采取的措施包括鉴别、防火墙、网络安全检测、审计与监控、网络反病毒、网络数据备份等方面。

一、鉴别

　　鉴别是对使用网络的终端用户进行识别和验证的过程。通常有三种方法验证用户身份。一是只有该用户了解的秘密，如口令、密钥；二是用户携带的物品，如智能卡和令牌卡；三是只有该用户具有的独一无二的特征或能力，如指纹、声音、视网膜或签字等。

二、防火墙技术

　　防火墙是指设置在不同网络（如可信任的企业内部网和不可信的公共网）或网络安全域之间实施安全防范的系统（含硬件和软件），也可被认为是一种访问控制机制。它是不同网络或网络安全域之间信息的唯一出入口，能根据企业的安全政策控制（允许、拒绝、监测）出入网络的信息流，且本身具有较强的抗攻击能力。它是提供信息安全服务，实现网络和信息安全的基础设施。

　　在逻辑上，防火墙是分离器、限制器，也是分析器，其有效地监控了内部网和Internet之间的任何活动，保证了内部网络的安全。防火墙逻辑位置如图 2-6 所示。

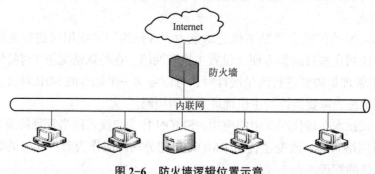

图 2-6　防火墙逻辑位置示意

防火墙技术可根据防范的方式和侧重点的不同而分为很多种类型，但总体来讲可分为分组过滤、应用代理两大类。

（1）分组过滤（Packet Filtering）：或称包过滤。作用在网络层和传输层，它根据分组包头源地址、目的地址和端口号、协议类型等标志确定是否允许数据包通过。只有满足过滤逻辑的数据包才被转发到相应的目的地出口端，其余数据包则被从数据流中丢弃。

包过滤型通常安装在路由器上，多数商用路由器都提供包的过滤功能。这种防火墙的优点是使用方便、速度快且易于维护；缺点是易于欺骗且不记录有谁曾经由此通过。

（2）应用代理（Application Proxy）：也称应用网关（Application Gateway），即人们常说的"代理服务器"。它作用在应用层，是内部网与外部网的隔离点，起着监视和隔绝应用层通信流的作用。由于隔离了内部网和外部网，内部网和外部网之间没有了物理连接，不能直接进行数据交换，所有数据交换均由代理服务器完成。代理服务器还对提供的服务产生一个详细的记录，也就是说提供日志及审计服务。通过对每种应用服务编制专门的代理程序，实现监视和控制应用层通信流的作用。实际中的应用网关通常由专用工作站实现。这种防火墙的缺点是使用不够方便，且易产生通信瓶颈。

另外，由于对更高安全性的要求，常把基于包过滤的方法与基于应用代理的方法结合起来，形成复合型防火墙产品。

防火墙是整体安全防护体系的一个重要组成部分，而不是全部，因此必须将防火墙的安全保护融合到系统的整体安全策略中，才能实现真正的安全。

三、入侵检测系统

入侵检测系统（Intrusion - Detection System，IDS）是一种能够及时发现并报告用户网络中未授权或异常现象的网络安全装置。利用审计记录，IDS 能够识别出任何不希望有的活动：入侵（非法用户的违规行为）和滥用（用户的违规行为），从而达到限制这些活动，保护系统安全的目的。IDS 的应用能使在入侵攻击对系统发生危害前检测到入侵攻击并报警。在入侵攻击过程中，能减少入侵攻击所造成的损失；在被入侵攻击后，收集入侵攻击的相关信息作为知识加入知识库内，以增强系统的防范能力。根据进行入侵分析的数据来源，可将 IDS 分为基于网络的入侵检测系统和基于主机的入侵检测系统。基于网络的 IDS的数据来源为网络中传输的数据包及相关网络会话，通过这些数据和相关安全策略来进行入侵判断。基于主机的 IDS 数据来源主要为系统内部的审计数据，通过这些数据来分析判断各种异常的用户行为及入侵事件。

IDS 的主要功能有监测并分析用户和系统的活动，核查系统配置和漏洞评估，系统关键资源和数据文件的完整性，识别已知的攻击行为，统计分析异常行为，系统操作的日志管理并识别违反安全策略的用户活动。

通常入侵检测系统为了分析、判断特定行为或者事件是否为违反安全策略的异常行为或者攻击行为，需要经过以下 4 个过程：

（1）信息收集：网络入侵检测系统或者主机入侵检测系统都需要采集必要的数据用于入侵分析。

（2）数据过滤及缩略：根据预定义的设置进行必要的数据过滤及缩略，从而提高检测分析的效率。

（3）信号分析：对收集到的信息，判断是否有入侵行为。

（4）报警及响应：一旦检测到违反安全策略的行为或者事件，系统及时给予响应。主要的响应方式有记录日志、发出报警、电话或电子邮件自动通知管理员等。

防火墙只能对进出网络的数据进行访问控制，对网络内部发生的事件完全无能为力。由于防火墙处于网关的位置，不可能对进出数据作太多分析，否则会严重影响网络性能。如果把防火墙比作住宅小区大门的门禁系统，那入侵检测系统就是小区中的视频安防监控系统。

入侵检测通过旁路监听的方式不间断地收取网络数据，对网络的运行和性能无任何影响，同时判断其中是否含有攻击的企图。IDS 不但可以发现来自外部的攻击，也可以发现来自内部的恶意行为。如果说防火墙是第一道防线的话，那么入侵检测系统就是网络安全的第二道防线。

IDS 的局限性表现在两个方面：一是 IDS 只能检测和报警；二是误报，误报致使很多有用的安全信息流被拦截，而不断响起的报警也会使管理员对正确的报警产生怀疑甚至忽略。

四、入侵防护系统

入侵防御系统（Intrusion Prevention System，IPS）是指不但能检测入侵的发生，而且能通过一定的响应方式，实时地中止入侵行为的发生和发展，实时地保护信息系统不受实质性攻击的一种智能化的网络安全产品。

与 IDS 一样，IPS 也可分为两类：主机 IPS（HIPS）和网络 IPS（NIPS）。主机 IPS 安装在受保护的主机上，紧密地与操作系统结合，监视系统状态防止非法的系统调用。网络 IPS 更像是 NIDS 和防火墙的结合体。网络 IPS 和防火墙一样串联在数据通道上。

IPS 与 IDS 本质的区别在于，IDS 只能检测攻击并报警，是被动防御技术，而 IPS 不仅检测，还能有选择地阻断攻击，是一种主动防御的技术。从功能上来看，IDS 是一种并联在网络上的设备，它只能被动地检测网络遭到了何种攻击，它阻断攻击的能力非常有限，一般只能通过发送 TCP reset 包或联动防火墙来阻止攻击。而 IPS 则是一种主动的、积极的入侵防范、阻止系统，它部署在网络的进出口处，当它检测到攻击企图后，会自动地将攻击包丢掉或采取措施将攻击源阻断。IPS 专注于提供前瞻性的防护，其设计宗旨在于预先拦截入侵活动和攻击性网络流量。

模块小结

计算机网络技术是通信技术与计算机技术相结合的产物。计算机网络是按照网络协议，将地球上分散的、独立的计算机相互连接的集合。连接介质可以是电缆、双绞线、光纤、微波载波或通信卫星。计算机网络具有共享硬件、软件和数据资源的功能，具有对共享数据资源集中处理及管理和维护的能力。

　　计算机网络可按网络拓扑结构、网络涉辖范围和互联距离、网络数据传输和网络系统的拥有者、不同的服务对象等不同标准进行种类划分。一般按网络范围划分为：局域网（LAN）；城域网（MAN）；广域网（WAN）。局域网的地理范围一般在 10 km 以内，属于一个部门或一组群体组建的小范围网，例如一个学校、一个单位或一个系统等。广域网涉辖范围大，一般从几十千米至几万千米，例如一个城市、一个国家或洲际网络，此时用于通信的传输装置和介质一般由电信部门提供，能实现较大范围的资源共享。城域网介于LAN 和 WAN 之间，其范围通常覆盖一个城市或地区，距离从几十千米到上百千米。计算机网络由一组结点和链络组成。网络中的结点有两类：转接结点和访问结点。通信处理机、集中器和终端控制器等属于转接结点，它们在网络中转接和交换传送信息。主计算机和终端等是访问结点，它们是信息传送的源结点和目标结点。

复习与思考题

　　1. 什么是计算机网络？采用主机 / 终端方式工作的计算机系统是计算机网络吗？

　　2. 按照能够覆盖的范围，计算机网络可分为哪几类？

　　3. OSI 各层的基本功能是什么？各层数据传输的基本单位分别是什么？

　　4. 常见的网络互连设备分为哪几类？它们分别工作在 OSI 的哪一层？

　　5. IEEE 802 参考模型分为哪几层？它们的功能是什么？它们与 OSI 中的各层有何关系？

　　6. 简述以太网 CSMA/CD 的工作流程。

　　7. 千兆以太网有哪些特点？目前智能建筑中的信息网络为什么会出现以太网"一统天下"的局面？

　　8. 目前使用最广泛的串行通信接口标准是什么？它有什么不足？

　　9. TCP/IP 的体系结构共有哪些层次？各层的主要功能是什么？定义了哪些主要协议？

　　10. 简述第 3 层交换机的工作原理与特征。

　　11. 什么是虚拟局域网（VLAN）？它有哪些特点？在智能建筑中，VLAN 有何作用？

　　12. VLAN 可以通过哪几种技术实现？比较这几种技术的特点。

　　13. 无线局域网可以在普通局域网基础上通过哪些设备实现？其中使用最普遍的是什么？

　　14. 简述 Intranet 的概念。

　　15. 简述网络管理系统的功能与组成。

　　16. 为了保证网络安全，可采取哪些网络安全措施？

　　17. 试比较防火墙与 IDS、IPS 的特点。

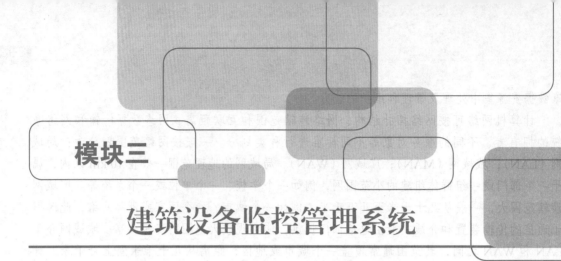

模块三

建筑设备监控管理系统

单元一 建筑设备监控管理系统概述

一、建筑设备监控管理系统概念

建筑设备监控管理系统（又称建筑设备自动化系统）是将建筑物或建筑群内的给水排水、空调、电力、照明、防灾、保安、车库管理等设备或系统，以集中监视、控制和管理为目的构成的综合系统。"监控"即表示监视与控制，根据我国的行业标准，建筑设备监控管理系统又可分为设备运行管理与监控子系统和公共安全防范子系统，如图 3-1 所示。

视频：建筑设备监控管理系统的概念

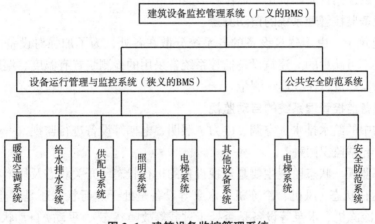

图 3-1 建筑设备监控管理系统

在我国，建筑设备监控管理系统通常有广义和狭义之分。狭义的建筑设备自动化系统的监控范围主要包括给水排水、空调、电力、照明、电梯等设备。在实际工程中，狭义的建筑设备自动化系统也常常称为建筑设备监控系统、楼宇自动化系统、楼宇自控系统等。广义的建筑设备自动化系统的监控范围在狭义的建筑设备自动化系统的基础上，还增加了公共安全防范系统，包括火灾自动报警与消防联动控制系统、出入口控制系统、入侵报警系统、视频监控系统等安全防范系统，即为建筑设备管理系统。

根据我国行业政策现状，通常将狭义的建筑设备监控管理系统、火灾自动报警与消防联动控制系统、安全防范系统分别作为一个独立的系统进行设计和施工。

二、建筑设备监控管理原因

为了能满足各种使用功能和众多的服务要求，必须在建筑物中设置给水排水设备、通风空调设备、变配电设备、照明设备、电梯设备、消防及安防等建筑设备。这些建筑设备数量庞大（一幢楼中可有数千台甚至数万台各类设备），分布区域广，需要实时监测与控制的参数也有成千上万个，这就造成了运行操作与管理的困难。而且，各类设备运行工艺的复杂程度不一，当多台设备构成一个系统时，运行状态往往产生互相影响与关联，如空调送风系统、电梯要和消防系统进行联动等。另外，为了保证建筑物中一些特殊区域（如医院、厂房、机房等）对环境的要求，空气中的温度、湿度、洁净度必须严格控制，要达到规定的技术指标已不是人力所能办到的。综上所述可见，对大型建筑物的设备使用人工方式进行操纵、控制与管理是非常困难的，因而采用建筑设备自动化监控管理是必然趋势。

三、建筑设备监控管理技术手段

自动测量、监视与控制是建筑设备监控管理系统的三大技术环节和手段，通过它们可以正确掌握建筑设备的运转状态、事故状态、能耗与负荷的变动等情况，从而适时采取相应处理措施，以达到智能建筑正常运作和节能的目的。

1. 建筑设备监控管理系统的自动测量

在智能建筑中，由于建筑设备的各系统分散在各处，为了加强对设备的管理，测量是非常重要且不可缺少的。建筑设备监控系统常采用的检测装置有温度、湿度、液位、流量、压力传感器等进行在线连续测量。

2. 建筑设备监控管理系统的自动监视

对建筑物中的给水排水、空调、电力、照明、电梯等设备进行监视，一般可分为状态监视和故障、异常监视两种。

（1）状态监视。状态监视主要是监视设备的运行状态、开关状态及切换状态。具体的状态监视有运行状态（风机、冷冻机、水泵等设备是处于运行状态还是停止状态）、故障状态（风机、冷冻机、水泵等设备是否处于过载等故障状态）、手动 / 自动状态（设备是处于手动运行状态下还是自动运行状态下）、开关状态（配电、控制设备的开关状态）。

（2）故障、异常监视。机电设备发生故障、异常时，应分别采取必要的紧急措施及紧急报警。一旦发生故障、异常报警，应能立即自动投入联动系统，并进行人工干预，采取必要的措施处理。

3. 建筑设备监控管理系统的自动控制

建筑物中的给水排水、空调、供配电、照明、电梯等设备分散在现场各处，通常都设有手动 / 自动两种控制方式。手动控制就是人工在现场控制，自动控制对设备的操作主要有启停控制和调节控制两种。

（1）启停控制。通过机电设备的配电控制箱对风机、冷冻机、水泵、电磁阀等设备的启动、停止进行控制。

（2）调节控制。在设备监控系统中，通常对被控过程实施控制，如空调系统的温、湿度自动调节等。控制用计算机要根据被控过程的状态决定控制的内容和实施控制的时机，需要不断检测被控过程的实时状态（参数），并根据这些状态及控制算法得出控制调节输出。建筑设备监控系统常采用的调节控制装置有电动水阀、电动风门等，进行在线连续控制。

四、建筑设备监控管理系统功能

1. 实现设备远程监控与管理

建筑设备监控管理系统能够对建筑物内的各种建筑设备实现远程监控，同时提供设备运行管理，包括维护保养及事故诊断分析、调度及费用管理等。

（1）建筑设备监控管理系统对建筑设备运行状态进行监测，如对水泵、风机等电动机械设备的运行状态监测（是否运行、是否正常运行、手动/自动状态等）、对温湿度的检测、对液位的检测等。

（2）建筑设备监控管理系统对建筑设备发送命令进行控制，如对水泵、风机的启停控制、对电动水阀的调节控制等。

（3）建筑设备监控管理系统通过对建筑设备的统一管理、协调控制，提高了工作效率，减少了运行人员及费用。由于计算机系统对建筑物内大量机电设备的运行状态进行集中监控和管理，对设备运行中出现的故障及时发现和处理，从而节省整个大楼的机电系统的运行管理和设备维护费用。

2. 实现设备运行节能控制

建筑设备监控管理系统对给水排水、空调、供配电、照明、电梯等设备的控制是在不降低舒适性的前提下达到节能、降低运行费用的目的。在现代建筑内部，实际运行的工作环境大多是人工环境，如空调、照明等，使得建筑物的能源消耗非常巨大。据有关数据，建筑物的能耗达国家整个能耗总量的 30% 以上。建筑物的能耗则体现在建筑设备的能耗上，在大型公共建筑物内部，设备能耗按不同类别划分的能耗比例如图 3-2 所示。

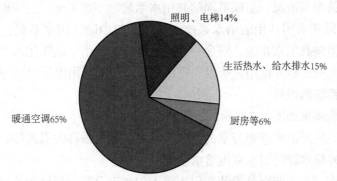

图 3-2　大型公共建筑的建筑设备能耗比例

建筑设备监控管理系统在充分采用了最优化设备投运台数控制、最优启停控制、焓值控制、工作面照度自动化控制、公共区域分区照明控制、供水系统压力控制、温度自适应设定控制等有效的节能运行措施后，建筑物可以减少约 20% 的能耗，这具有十分重要的经济与环境保护意义。建筑物的生命周期是 60 ～ 80 年，一旦建成使用后，主要的投入就是能源费用与维修更新费用。应用建筑设备监控管理系统能有效降低运行费用的支出，其经济效益是十分明显的。

单元二　建筑给水排水监控系统

一、建筑给水系统组成及常用设备设施

建筑给水系统的任务是将室内给水管网的水经济合理、安全可靠地输送到安装在室内不同场所的各个配水嘴、生产用水设备或消防用水设备等处，并满足用户对水量、水压和水质的要求。

1. 给水系统的类型

目前，我国绝大多数建筑内部给水系统都是根据给水用途进行系统划分和布置的。一般可分为表 3-1 所列出的三种类型。

表 3-1　给水系统的类型

系统名称	用　　途
生活给水系统	供给建筑物内所有人员饮用、烹调、盥洗、洗涤、淋浴等方面用水
消防给水系统	供应用于扑灭火灾的消防用水
生产给水系统	供应工业企业车间各种生产设备、生产工艺过程等所需用水

对某一特定用途的建筑物而言，生活给水系统、消防给水系统和生产给水系统一般不是一应俱全。传统的建筑内部给水系统常常根据水量、水压、水质及安全方面的需要，结合室外给水系统的布局情况，组成不同的共用水系统。一般情况，当两种或两种以上用水的水质相近时，通常采用共用的给水系统。如生活与消防共用水系统、生活与生产共用水系统、生产与消防共用水系统、三合一共用水系统等。由于消防用水对水质没有特殊要求，又只是在发生火灾时才使用，所以，民用建筑一般都采用生活与消防共用水系统。

2. 建筑给水系统的组成

建筑内部给水系统如图 3-3 所示，一般组成如下：

（1）引入管。室外给水管道与室内给水干管之间的管段称为引入管，又称进户管，其作用是将水从室外给水管网引入室内给水系统。

（2）水表节点。水表节点是安装在引入管上的水表及其前后设置的阀门总称。水表用于计量建筑用水量；水表前后的阀门用于水表检修、拆换时关闭管路。

（3）给水管道。给水管道包括干管、立管和配水支管。干管将引入管送来的水转送到立管；立管将干管送来的水沿垂直方向输送到各楼层的配水支管；配水支管再将水输送到各个配水嘴或用水设备等处。

（4）给水附件。给水附件安装于给水管路上，用于调节水量、水压及关断水流的各类阀门。

（5）配水装置和用水设备。配水装置指各类卫生器具和用水设备的配水嘴；用水设备包括消防设备，即消防给水系统中的消火栓和自动喷水灭火装置。

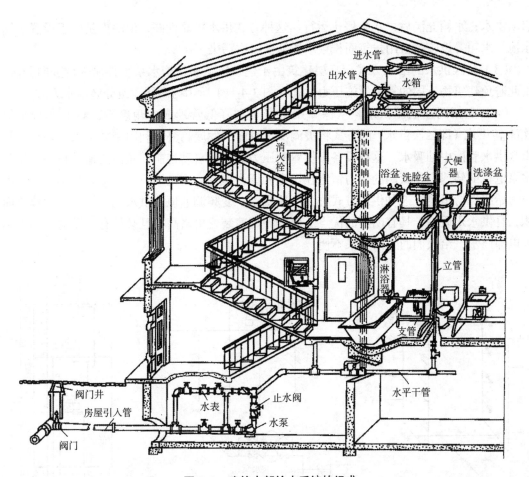

进水管
出水管
水箱
消火栓
浴盆
洗脸盆
大便器
洗涤盆
淋浴器
立管
支管
水平干管
阀门井
房屋引入管
水表
止水阀
水泵
阀门

图 3-3　建筑内部给水系统的组成

（6）升压和贮水设备。升压设备主要指系统中设置的各类水泵、气压给水设备等；贮水设备主要指贮水池和水箱。

3. 常用建筑给水方式

建筑室内给水系统的给水方式根据用户对水质、水压和水量的要求，室外管网所能提供的水质、水量和水压情况，卫生器具及消防设备等用水点在建筑物内的分布以及用户对供水安全要求等条件来确定。常用室内给水系统给水方式如图 3-4 所示，主要有以下几种：

（1）直接给水方式。直接给水方式如图 3-4（a）所示，是水经由引入管、给水干管、给水立管和给水支管由下向上直接供给各用水或配水设备，中间无任何增压设备、储水设备，水的上行完全是在室外给水管网的压力下工作。这种给水方式的特点是结构简单、经济、维修方便，水质不易被二次污染，但这种供水方式对供水管网的水压要求较高，而且由于重力作用，不同楼层的出水水压也不同。该方式适用于低层和多层建筑。

（2）设置升压设备的给水方式。设置升压设备的给水方式目前应用最广的是水泵 - 水箱联合给水方式，如图 3-4（b）所示。水泵向高位水箱供水，水箱的水靠重力提供给下面楼层用水。水箱采用液位自动控制，可实现水泵启停自动化，即当水箱中水用完时，水泵启动供水；水箱充满后，水泵停止运行。这种方式供水可靠性高，但缺点是由于设置了储水池、水箱等设施，占用建筑面积且水质易被二次污染。

（3）分区供水的给水方式。高层建筑由于建筑层数多，给水系统必须进行竖向分区，由此避免建筑物下层的管道设施压力过高。图 3-4（c）所示为高层建筑分区给水方式。

（4）变频调速恒压供水。从保障用水安全和降低管理成本角度看，物业实行水池（箱）转供水（即二次供水）的方式将被淘汰。目前的发展趋势是利用变频给水设备直接从市政供水管网中抽吸水，这种设备根据管网压力的变化自动控制变频器的输出频率，调节水泵电机的转速，使管网的压力恒定在设定的压力值上，无论用户用水量大与小，管网的压力始终保持恒定，这种供水方式称为恒压供水。变频调速恒压供水既节能又节约建筑面积，且供水水质好，具有明显的优点。但变频调速装置价格高，且必须有可靠电源，否则停电即停水，给人们的生活带来不便。

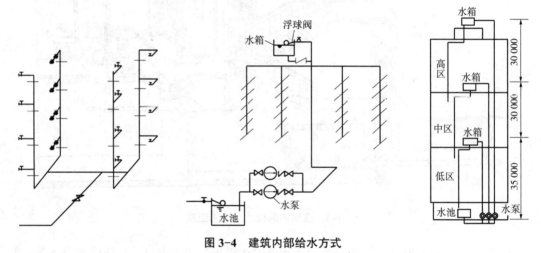

图 3-4　建筑内部给水方式

（a）直接给水方式；（b）水泵 - 水箱联合给水方式；（c）高层建筑分区给水方式

4. 建筑给水系统常用设备与设施

（1）常用给水管材及管件。常用给水管材一般有钢管、塑料管和复合管材等。由于钢管易锈蚀、结垢和滋生细菌，且寿命短（一般仅 8 ～ 12 年，而一般的塑料管寿命可达 50 年），因此，世界上不少发达国家早已规定在建筑中不准使用镀锌钢管，我国也开始逐渐用塑料管或复合管取代钢管。塑料管具有化学性能稳定、耐腐蚀、质量轻、管内壁光滑、加工安装方便等优点，常用的塑料管材有硬聚氯乙烯（UPVC）管材、聚乙烯（PE）管材等。常用的复合管材有钢塑复合管材和铝塑复合管材，其除具有塑料管的优点外，还有耐压强度好、耐热、可曲挠和美观等优点。

给水管道进行连接，就必须采用各种管件，关键可用相应材料制作，用相应的管材配合使用。常用的管件有三通、四通、弯头等。

（2）给水管道附件。给水管道附件是安装在管道及设备上的启闭和调节装置的总称。一般分为配水附件和控制附件两类。配水附件就是装在卫生器具及用水点的各式水嘴，用调节和分配水流。控制附件用来调节水量、水压、关断水流，改变水流方向，给水排水工程中常用的有球形阀、闸阀、止回阀、浮球阀及安全阀等。

（3）仪表设备。给水系统的主要仪表有计量水表、水泵出水管上的压力表、水位计等。

常用的水表为流速式，具备"三表"远传功能的现代化小区采用智能水表，由流量传感器等电子检测控制系统组成，与普通水表相比增加了信号发射系统，以便达到远传自动抄表功能。

（4）增加设备与储水设备。给水排水系统主要以水泵作为升压设备，并设置储水池、水箱等储水设备。

①水泵装置。在建筑室内给水系统中，一般采用离心式水泵。离心式水泵依靠叶轮旋转产生的离心作用使水获得能量，从而压力升高，将水输送到需要的地点，如图3-5所示。

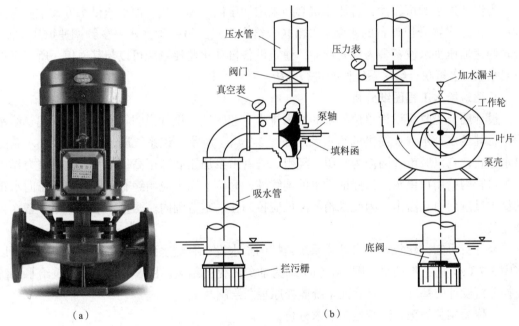

图3-5 离心式水泵及其构造
（a）立式离心泵；（b）离心式水泵的构造

给水泵通常采用两台或两台以上水泵构成水泵机组，水泵机组一般设置在专门的水泵房内。很多情况下，水泵直接从管网抽水会使室外管网压力降低，影响对周围其他用户的正常供水，因此，许多城市都对直接从管网抽水加以限制。当建筑内部水泵抽水量较大、不允许直接从室外管网抽水时，需要建造储水池，水泵从储水池中抽水。

②水箱。水箱设在建筑的屋顶上，具有储存水量、调节用水量变化和稳定管网压力的作用。水箱一般用钢板、钢筋混凝土、玻璃钢等材料制作。目前常用玻璃钢制作组合是矩形水箱，以便于施工和维修，如图3-6所示。

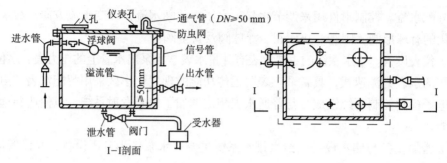

图 3-6 水箱构造示意

二、建筑给水系统监控

为保证供水的可靠性，智能建筑必须采用加压供水的方式。而加压供水方式主要有两种：一种是设置升压设备的水泵 - 水箱联合给水方式；另一种是水泵变频调速恒压供水。变频调速恒压供水设备多为成套产品，建筑设备自动化监控系统可以与其通信，所以下面只对水泵 - 水箱联合给水系统监控进行分析。

1. 建筑给水工程图纸分析

设计前，先收集设计单位提供的给水排水专业图纸、设计说明等资料。以某建筑给水为例，其给水排水专业提供的给水系统如图 3-7（a）所示。该系统属于设有水泵、水箱的给水方式，它以城市管网作为水源，经引入管有水泵加压后送至高位水箱，通过重力作用经配水管网给用户供水。为保证供水的连续性，高位水箱中应始终有水，但应防止向水箱的供水过量而引起溢出，因此水箱的液位应控制在一定范围内。两台水泵可一用一备、自动轮换。

经分析可知，建筑设备自动化系统监控的给水设备有给水泵、高位水箱等。因此可以将图 3-7（a）进一步抽象，图 3-7（b）即为抽象简化的结果。图 3-7（b）是建筑给水系统监控分析设计的基础，也是后面系统监控原理图绘制基础。

2. 依据相关规范，进行监控需求分析

依据主要有业主的需求、工程招标书中规定及《智能建筑设计标准》（GB 50314—2015）等相关标准，表 3-2 列出对供水系统的设备监控功能要求。

表 3-2 给水设备监控功能分级表

设备名称	监控功能	甲级	乙级	丙级
给水系统	水泵运行状态显示	√	√	√
	水流状态显示	√	×	×
	水泵启停控制	√	√	√
	水泵过载报警	√	√	×
	水箱高、低液位显示及报警	√	√	√

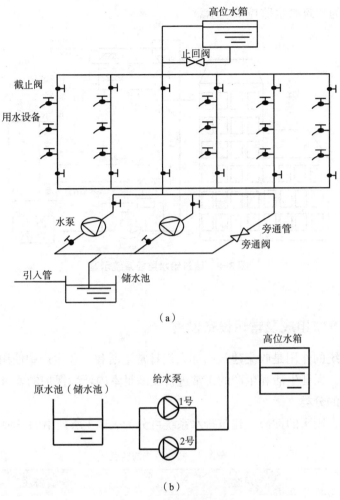

图 3-7　建筑给水系统图

给水系统监控功能设置如下：

（1）由高位水箱的水位决定水泵的启停。当水箱中水位达到停泵水位时，水泵停止向水箱供水；当水箱中的水被用到较低水位时，需要水泵再次启动向水箱供水。为此，在水箱内应设置水位传感器，向现场控制器（DDC）传送水位控制信号。

（2）水泵的常规监控。对水泵的常规监控主要有水泵的启停控制、水泵运行状态（是否运行）的监测、水泵过载报警监测、水泵工作模式（手动／自动）的监测。连接现场控制器（DDC）这些监控点引自水泵配电控制箱中的接触器、继电器等电器设备。

另外，在管道上安装水流开关，通过监测管道的水流状态，从而监测水泵是否发生故障。如果水泵运转信号一切正常，但管内无水流过，说明是水泵本身发生故障。

（3）高位水箱的水位监测。除去提供启动／停止水泵的水位信号外，高位水箱还要通过安装水位传感器设置极限高低水位报警信号，以防止溢流和储水量过少。

如果系统中还有地下蓄水池，对地下蓄水池的水位监控主要包括监控高低水位报警信号，以防止溢流和储水量过少。

图 3-8 所示为建筑给水监控系统示意。

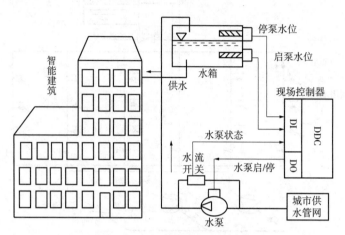

图 3-8　建筑给水监控系统示意

三、建筑排水系统组成及常用设备设施

建筑排水系统的作用是收集建筑内部人们日常生活和工业生产中使用过的水，并及时通畅地排到室外，保证生活和生产的正常进行及满足室内环境保护的要求。

1. 排水系统的分类

根据接纳污、废水的性质，建筑排水系统可分为表 3-3 所列出的三种类型。

表 3-3　排水系统的类型

系统名称	用途	备注
生活排水系统	排除建筑内部的生活污水（即便溺污水）和生活废水（盥洗、洗涤等废水）	生活污水需经化粪池局部处理后才能排入城市排水管道，而生活废水则可直接排放
生产排水系统	排除工业生产过程中产生的生产污水和生产废水	污染较轻的生产废水（如冷却用水）可直接排放或经简单处理后重复利用；污染较重的生产污水，如冶金、化工等工业污水，因含有大量的有毒物质、酸碱物质等污染物，必须经处理后方可排放
屋面雨水排水系统	收集和排除建筑屋面的雨水和融雪水	

2. 建筑排水系统的组成

建筑内部排水系统如图 3-9 所示。

建筑内部排水系统的组成如下。

（1）卫生器具。卫生器具是建筑内部排水系统的起点，用以满足人们日常生活或生产过程中各种卫生要求，并收集和排出污废水的设备。

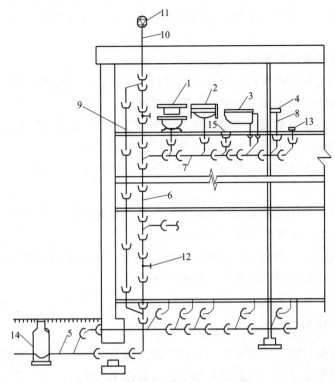

图 3-9　建筑内部排水系统的组成

1—大便器；2—洗脸盆；3—浴盆；4—洗涤盆；5—排水管；6—立管；7—横支管；8—支管；
9—专用通气立管；10—伸顶通排气管；11—网罩；12—检查口；13—清扫口；14—检查井；15—地漏

（2）排水管道。排水管道包括器具排水管、横支管、立管、埋地干管和排出管。

（3）通气管道。建筑内部排水系统是水气两相流动，当卫生器具排水时，需向排水管道内补给空气，以减小气压变化，使水流通畅，同时也需将排水管道内的有毒有害气体排放到屋顶上空的大气中去。

（4）清通设备。为疏通建筑内部排水管道，保持排水通畅，常需设检查口、清扫口、埋地横干管上的检查井等。

（5）抽升设备。工业与民用建筑的地下室、人防建筑物、地下铁道、立交桥等地下建筑物的污废水不能自流排至室外时，常需设水泵等抽升设备。

（6）污水局部处理构筑物。当建筑内部污水未经处理不能排入其他管道或市政排水管网时，需设污水局部处理构筑物，如化粪池、沉淀池、中和池等。

3. 室内排水方式

建筑内部排水方式分为分流制和合流制两种。

（1）建筑内部分流排水：是指居住建筑和公共建筑中的粪便污水和生活废水、工业建筑中的生产污水和生产废水各自由单独的排水管道系统排除。该方式适用于两种污水合流后会产生有毒有害气体情况、医院污水中含有大量致病菌或所含放射性元素超过标准时、公共饮食业厨房含有大量油脂的洗涤废水时、建筑中水系统需要收集原水时等。

（2）建筑内部合流排水：是指建筑中两种或两种以上的污、废水合用一套排水管道系统排除。该体制适用于生产污水与生活污水性质相似时，城市有污水处理厂，生活废水不需回用时等。

4. 建筑排水系统常用设备与设施

（1）排水管道材料。建筑内部排水管道材料主要就是排水铸铁管和硬聚氯乙烯管，常用于一般的生活污水、雨水和工业废水的排水管道。

（2）卫生器具。卫生器具主要指盥洗、沐浴卫生器具（包括洗脸盆、浴盆、淋浴器和盥洗槽等），以及便溺用卫生器具（包括大便器、小便器等）。

（3）排水附件。在排水系统的维护管理工作中，易引发问题的多为排水附件，如地漏和存水弯。

①地漏。地漏的作用是排除室内地面上的积水，通常由铸铁或塑料制成。地漏应设置在室内的最低处，坡向地漏的坡度不小于 0.01。

②存水弯。存水弯由两段弯管构成，在排水过程中，弯管道内总是存有一定量的水，称为水封，可防止排水管网中的臭气、异味串入室中。

四、建筑排水系统监控

没有地下室的建筑物，污废水依靠重力直接排放至地下市政排污管道，一般不需要设置排放设备。但高层建筑物一般都建有地下室，有的深入地面下 2～3 层或更深，地下室的污水通常不能以重力排除，在此情况下，污水集中于污水集水坑（池），然后用排水泵将污水提升至室外排水管中。污水泵应为自动控制，保证排水完全。

建筑排水系统监控分析方法与给水类似，因此，本小节部分内容在教师指导下自行完成。

单元三　暖通空调监控系统

暖通空调是供暖、通风和空气调节系统的总称。在通风系统上加设一些空气处理设施，通过除尘系统，净化空气；通过加热或冷却、加湿或去湿，控制空气的温度或湿度，通风系统就成为冷暖空气调节系统，简称暖通空调系统。

建筑设备自动化系统建设的主要目的是为了降低建筑设备系统的运行能耗和减轻运行管理的劳动强度，提高设备运行管理的水平。在智能建筑中，暖通空调系统的耗电量通常占全楼总耗电量的 50% 以上，其监控点数量常常占全楼建筑设备自动化系统监控点总数的 50% 以上，通过监控实现对暖通空调系统的最优化控制。

一、暖通空调系统组成及工作原理

（一）暖通空调系统组成及工作原理

1. 衡量空气环境的主要指标

（1）温度。温度是衡量空气冷热程度的指标，通常以摄氏温度（℃）表示。人体舒适的室内温度冬季宜控制在 20 ~ 24 ℃，夏季控制在 22 ~ 27 ℃。

（2）湿度。湿度是指空气的潮湿程度，通常用相对湿度来表示，相对湿度是指单位容积空气中含有水蒸气的质量。湿度值越小，空气越干燥，吸收水蒸气的能力就越强。湿度值越大，表示空气越潮湿，吸收水蒸气的能力就越弱。通常令人舒适的相对湿度为 40% ~ 60%。

（3）清洁度。空气的洁净度是指空气中的粉尘和有害物的浓度。在不易通风、人多的室内环境中，必须采用通风方式不断地以室外的新鲜空气来更换室内的污浊空气。

2. 暖通空调系统组成

大型建筑物中，因空调的冷、热媒是集中供应的，称为集中式空调系统或中央空调系统。建筑物中央空调系统的组成分为空气处理及输配系统、冷（热）源系统两大部分，如图 3-10 所示。

（1）空气处理及输配系统：是空调系统的核心，所用设备为空调机。它完成对混合空气（室外新鲜空气和部分返回的室内空气）的除尘、温度调节、湿度调节等工作，将空气处理设备处理好的空气，经风机、风道、风阀、风口等送至空调房间。

（2）冷（热）源系统：空气处理设备处理空气，需要冷（热）源提供冷（热）媒，冷（热）媒与空气进行热交换，使空气变冷（热）。夏季降温时，使用冷源，一般是制冷机组。冬季加热时，使用热源，热源通常为热水锅炉或中央热水机组。

3. 暖通空调系统工作原理

如图 3-10 所示，如果是夏天使用冷源空调系统，需要以冷水（通常 7 ℃左右）进入空调处理机（或风机盘管），冷水进入风机盘管吸收空气中的热量，空气被冷却后送入室内。

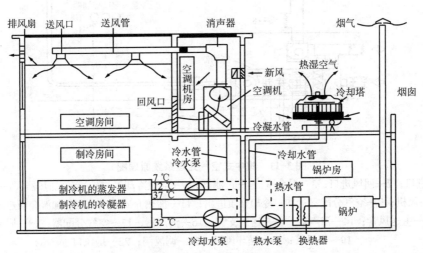

图 3-10　中央空调系统组成

空调系统通过循环方式把室内的热量带走，以维持室内温度于一定值。当循环空气通过空调处理机（或风机盘管）时，高温空气经过冷却盘管的铝金属先进行热交换，盘管的铝片吸收了空气中的热量，使空气温度降低，然后再将冷却后的循环空气吹入室内，如此周而复始，循环不断，把室内的热量带出。

如果冬天使用热源空调系统，需要以热水（通常 32 ℃左右）进入空调处理机（或风机盘管），空气加热后送入室内。

室内空气经过处理后，相对湿度可能会减少，变得干燥。如果想增加湿度，可安装加湿器，进行喷水或喷蒸汽，对空气进行加湿处理，用这样的湿空气去补充室内水汽量的不足。

（二）空气处理及输配系统

1. 空气处理系统

空气处理系统又称空气调节系统，简称空调系统。中央冷暖空调系统的空气处理设备主要有空调处理机、新风空调机、风机盘管、通风机等。集中式空气处理系统原理如图 3-11 所示。

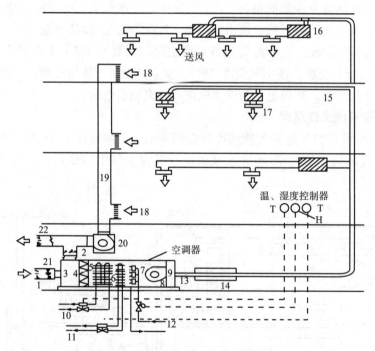

图 3-11　集中式空气处理系统原理图

1—新风进口；2—回风进口；3—混合室；4—过滤器；5—空气冷却器；6—空气加热器；7—加湿器；
8—风机；9—空气分配室；10—冷却介质进出；11—加热介质进出；12—加湿介质进出；
13—主送风管；14—消声器；15—送风支管；16—消声器；17—空气分配器；18—回风；
19—回风管；20—循环风机；21—调风门；22—排风口

一般空气处理系统包括以下几部分：

（1）进风部分。根据人体对空气新鲜度的要求，空调系统必须有一部分空气取自室外，常称新风。进风部分主要由新风机、进风口组成。

（2）空气过滤部分。由进风部分取入的新风，必须先经过一次过滤，以除去颗粒较大的尘埃。一般空调系统当采用粗效过滤器不能满足要求时，应设置中效过滤器。

（3）空气的热湿处理部分。将空气加热、冷却、加湿和减湿等不同的处理过程组合在一起统称为空调系统的热湿处理部分。

（4）空气的输送和分配部分。将处理好的空气均匀地输入和分配到空调房间内，由风机和不同形式的管道组成。

2. 空调系统常用设备与设施

空调系统常用设备与设施如下。

（1）空气处理机。空气处理机又称空气调节器，如图 3-12 所示。中央空调系统是将空气处理设备集中设置，组成空气处理机，空气处理的全过程在空气处理机内进行，然后通过空气输送管道和空气分配器送到各个房间。

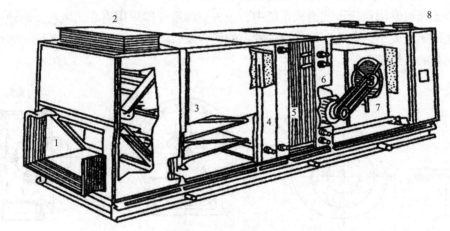

图 3-12　空气处理机

1、2—新风与回风进口；3—空气过滤器；4—空气加热器；5—空气冷却器；6—空气加湿器；

7—离心风机；8—空气分配室及送风管

（2）风机盘管。风机盘管式空调系统是在集中式空调的基础上，作为空调系统的末端装置，分散地装设在各个空调房间内，可独立地对空气进行处理，其结构如图 3-13 所示。风机盘管由风机、盘管和过滤器组成。

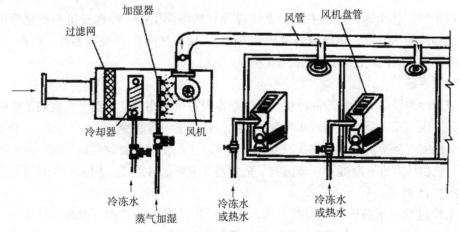

图 3-13　带有风机盘管的空调系统

（3）空气输送与分配设备。

①风管。常用的风管材料有薄钢板、铝合金板或镀锌薄钢板等，主要有矩形和圆形两种截面。

②风机。风机是通风系统中为空气的流动提供动力以克服输送过程中的阻力损失的机械设备。在通风工程中应用最广泛的是离心式风机和轴流式风机，如图 3-14 所示。离心式风机的叶轮在电动机带动下随机轴一起高速旋转，叶片间的气体在离心力作用下由径向甩出，同时在叶轮的吸气口形成真空，外界气体在大气压力作用下被吸入叶轮内，以补充排出的气体，由叶轮甩出的气体进入机壳后被压向风道，如此源源不断地将气体输送到需要的场所。轴流式风机叶轮与螺旋桨相似，当电动机带动它旋转时，空气产生一种推力，促使空气沿轴向流入圆筒形外壳，并沿机轴平行方向排出。

离心式风机常用在管道式通风系统中，中央空调系统即采用离心式风机。而轴流式风机因产生的风压较小，很适合无须设置管道的场合及管道阻力较小的通风系统，如地下室或食堂简易的散热设备。

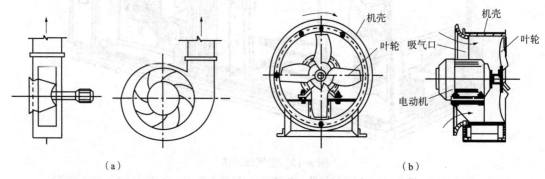

（a）　　　　　　　　　　　　　　　　　　　　　（b）

图 3-14　常用通风机类型

（a）离心式风机结构示意；（b）轴流风机结构示意

③风口。风口一般有线形、面形送风分配器。

（三）冷（热）源系统

空调系统工作所需的冷量和热量是由冷源和热源提供的。冷源设备包括制冷机、冷冻水系统和冷却水系统；热源设备包括锅炉机组（城市热网）、热交换器等，可作为空调、采暖、生活热水的供应设备，如图 3-10 所示。

1. 冷源系统

用来制冷的设备通常称为制冷机。根据制冷设备所使用的能源类型，空调系统中常用制冷机分为压缩式、吸收式和蓄冰制冷。在此仅介绍压缩式制冷。

（1）压缩式制冷机组。压缩式制冷机利用"液体汽化时要吸收热量"这一物理特性方式制冷，它由压缩机、冷凝器、节流阀、蒸发器等主要部件组成，构成一个封闭的循环系统，如图 3-15 所示。

其工作过程：压缩机将蒸发器内所产生的低压低温的制冷剂（如氟利昂 R22、R123等）气体吸入汽缸内，经压缩后成为高压、高温的气体被排至冷凝器。在冷凝器内，高温高压的制冷剂与冷却水（或空气）进行热交换，把热量传给冷却水而使本身由气体凝结为液体。高压的液体再经膨胀阀节流降压后进入蒸发器。在蒸发器内，低压的制冷剂液体的状态是很不稳定的，立即进行汽化并吸收蒸发器水箱中水的热量，从而使冷冻水的回水重新得到冷却，蒸发器所产生的制冷剂气体又被压缩机吸走。这样制冷剂在系统中要经过压缩、冷凝、节流和汽化四个过程才完成一个制冷循环。

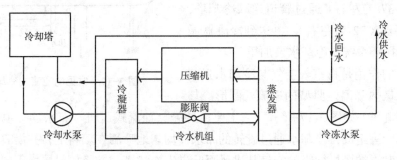

图 3-15 压缩式制冷原理示意

把整个制冷系统中的压缩机、冷凝器、蒸发器、节流阀等设备，以及电气控制设备组装在一起，称为冷水机组。冷水机组主要为空调机和风机盘管等末端设备提供冷冻水。图 3-16 所示为离心式冷水机组示意图。

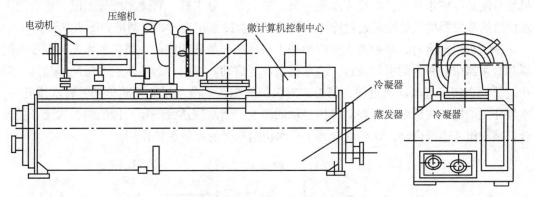

图 3-16 离心式冷水机组示意

（2）冷冻水系统。冷冻水系统负责将制冷装置制备的冷冻水输送到空气处理设备，通常是指向用户供应冷、热量的空调水管系统，其作用是将风管道空气制冷。冷冻水系统一般由水泵、膨胀水箱、集水器、分水器、供回水管道等组成，经由蒸发器的低温冷冻水（7 ℃左右）送入空气处理设备，吸收了空气热量的冷冻水升温（12 ℃左右），再送到蒸发器循环使用，水循环系统靠冷冻水泵加压。

冷冻水系统的特点是系统中的水是封闭在管路中循环流动，与外界空气接触少，可减缓对管道的腐蚀，为了使水在温度变化时有体积膨胀的余地，闭式系统均需在系统的最高点设置膨胀水箱，膨胀水箱的膨胀管一般接至水泵的入口处，也有接在集水器或回水主管上的。为了保证水量平衡，在总送水管和总回水管之间设置有自动调节装置，一旦供水量减少而管内压差增加，使一部分冷水直接流至总回水管内，保证制冷装置和水泵的正常运转。

（3）冷却水系统。冷却水系统是水冷制冷机组必须设置的系统，作用是用温度较低的水（冷却水）吸收制冷剂冷凝时放出的热量，并将热量释放到室外。冷却水系统一般由水泵、冷却塔、供回水管道等组成，经由冷凝器的升温的冷却水（37℃左右）通过管道送入冷却塔，使其冷却降温（32℃左右），再送到冷凝器循环使用，水循环系统靠冷却水泵加压。

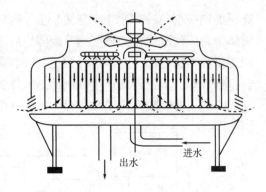

图3-17 常见的逆流式冷却塔构造

冷却塔的作用是将室外空气与冷却水强制接触，使水散热降温。典型的逆流式圆形冷却塔（简称逆流塔）如图3-17所示。它主要由外壳、轴流式风机、布水器、填料层、集水盘、进风百叶等组成，冷却水通过旋转的布水器均匀地喷洒在填料上，并沿着填料自上而下流落；同时，被风机抽吸的空气从进风百叶进入冷却塔，并经填料层由下向上流动，当冷却水与空气接触时，即发生热湿交换，使冷却水降温。

图3-18所示为一典型的采用压缩式制冷的冷源系统（冷冻站）的运行原理图。图中共有3台冷水机组，系统根据建筑冷负荷的情况选择运行台数。冷水机组的左侧是冷却水系统，有3台冷却塔及相应的冷却水泵及管道系统，负责向冷水机组的冷凝器提供冷却水。机组右侧是冷冻水系统，由冷冻水循环泵、集水器、分水器、管道系统等组成，负责把冷水机组的蒸发器提供的冷量通过冷冻水输送到各类冷水用户（如空调机和冷水盘管）。

冷水机组开启时，必须首先开启冷却水和冷冻水系统的阀门、风机和水泵，保证冷凝器和蒸发器中有一定的水量流过，冷水机组才能启动。否则，会造成制冷机高压超高、低压过低，直接引起电动机过流，易造成对机组的损害。冷水机组都随机携带有水流开关，水流开关的电气接线要串联在制冷机启动回路上，当水流达到一定流速值时，水流开关吸合，制冷机才能被启动，这样就起到了冷水机组自身的流量保护作用。

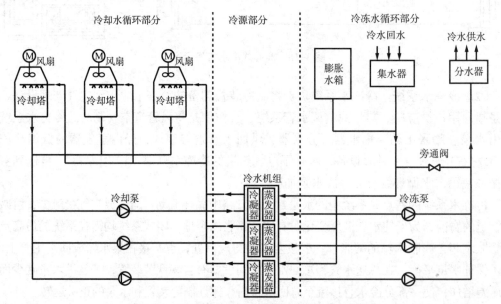

图3-18 采用压缩式制冷系统的冷冻站运行原理

2. 热源系统

空调系统中的热源主要有蒸汽和热水两种。热水在使用安全方面比蒸汽优越，与空调冷水的性质基本相同，传热比较稳定。常用热源装置有锅炉和热交换器。

（1）锅炉。热水供应系统和热水供暖系统的主要热源设备是锅炉。由于环保要求，很多城市已不允许使用燃煤锅炉，而采用燃油燃气锅炉。为保证锅炉的正常工作和安全，还必须装设安全阀、水位报警器、压力表、止回阀等。

（2）热交换器。空调系统终端热媒通常是 65～70 ℃的热水，当水温超过 70 ℃时结垢现象较为明显，而锅炉提供的是 90～95 ℃高温热水，这就需要把高温热水转换成空调热水，这种转换装置称为热交换器或换热器。热交换器的类型主要有列管式、螺旋板式及板式换热器。板式换热器是近年来大量使用的一种高效换热器，其结构如图 3-19 所示。板式换热器是由一系列具有一定波纹形状的金属片叠装而成的一种新型高效换热器，各种板片之间形成薄矩形通道，板式换热器的高温、低温两种液体是互不流通的，它们有各自的循环管道，通过板片进行热量交换。

空调系统中的热源（如高温蒸汽或高温热水）先经过热交换器变成空调热水，经热水泵（有的系统与冷冻水泵合用）加压后经分水器送到各终端负载中，在各负载中进行热湿处理后，水温下降，水温下降后的空调水回流，经集水器进入热交换器再加热，依次循环。

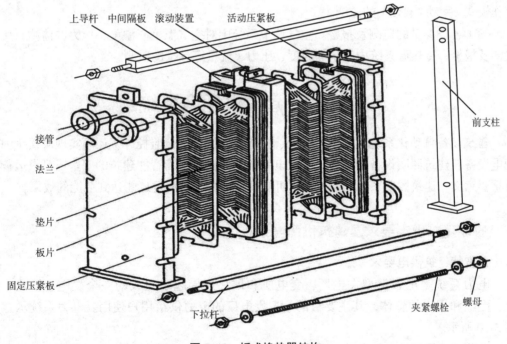

图 3-19　板式换热器结构

二、暖通空调系统监控

1.暖通空调工程图纸分析

设计前,先收集设计单位提供的暖通空调专业图纸、设计说明等资料。以图 3-18 制冷空调系统为例,该冷冻站由冷水机组、冷却水系统、冷冻水系统等组成,共有 3 台冷水机组、3 台冷冻水泵、3 台冷却水泵、3 个冷却塔等,系统根据建筑冷负荷的情况选择运行台数。

2.依据相关规范进行监控需求分析

监控系统应具备哪些功能,依据主要有业主的需求、工程招标书中规定及《智能建筑设计标准》(GB 50314—2015)等相关标准,列出对暖通空调系统的设备监控功能。

暖通空调系统监控功能设置如下:

(1)空气的温、湿度调节及风量控制。空气温度调节采用电动冷水阀(热水阀)调节盘管内冷冻水或热水的流量,通过改变制冷(加热)量来改变送风温度。同样,空气湿度调节通过加湿调节阀,风量调节通过风门调节。空气的温、湿度及风量调节是随设定值的连续调节,向现场控制器 DDC 传送的是模拟量控制信号。

(2)电动机类设备的常规监控。暖通空调系统中电动机类设备包括冷水机组、水泵、冷却塔风机等,对这些设备的常规监控主要有启停控制、运行状态监测、过载报警监测、工作模式(手动 / 自动)的监测。

(3)各类参量的监测及报警。空气调节系统中对空气温度、湿度、压力的监测,压差检测及报警;冷热源系统中对水的温度、压力、流量等参量的监测。

单元四 建筑供配电系统

建筑设备自动化系统除对给水排水、暖通空调设备进行监控外,还可实现对楼宇中供配电设备、建筑照明设备的监控。供配电系统的监控对保障智能建筑的安全、可靠运行具有重要意义;建筑照明系统的监控不仅可实现自动控制,而且还能达到节能的效果。

一、智能建筑供电要求及建筑供配电系统组成

1.智能建筑供电要求

电力系统是把各类型发电厂、变电所和用户连接起来组成的一个发电、输电、变电、配电和用户的整体,其主要目的是把发电厂的电力供给用户使用。电力系统示意如图 3-20 所示。

按照《民用建筑电气设计标准》(GB 51348—2019)对供电负荷分三个等级:一级负荷必须保证任何时候都不间断供电(如重要的交通枢纽、国家级场馆等),应有两个独立电源供电;二级负荷允许短时间断电,采用双回路供电,即有两条线路一备一用,一般生活小区、民用住宅为二级负荷;凡不属于一级和二级负荷的一般电力负荷均为三级负荷,三级负荷无特殊要求,一般为单回路供电,但在可能的情况下,也应尽力提高供电的可靠性。

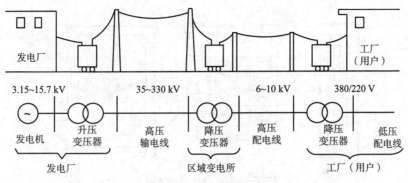

图 3-20　电力系统示意

智能建筑应属二级及以上供电负荷，采用两路电源供电，两个电源可双重切换，将消防用电等重要负荷单独分出，集中一段母线供电，备用发电机组对此段母线提供备用电源。常用的供电方案如图 3-21 所示。

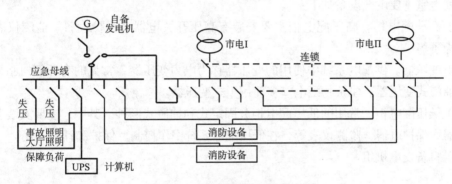

图 3-21　智能建筑常用供电方案

这种供电方案的特点：正常情况下，楼内所有用电设备为两路市电同时供电，末端自切，应急母线的电源由其中一路市电供给。当两路市电中失去一路时，可以通过两路市电中间的连锁开关合闸，恢复设备的供电；当两路市电全部失去时，自动启动发电机组，应急母线由机组供电，保证消防设备等重要负荷的供电。

2. 建筑供配电系统组成

建筑（或建筑群）供配电系统是指从高压电网引入电源，到各用户的所有电气设备、配电线路的组合。变配电室是建筑供配电系统的枢纽，它担负着接受电能、变换电压、分配电能的任务。典型的户内型变配电室平面布置如图 3-22 所示。

变配电室由高压配电、变压器、低压配电和自备发电机 4 部分组成。为了集中控制和统一管理供配电系统，常把整个系统中的开关、计量、保护和信号等设备，分路集中布置在一起。于是，在低压系统中，就形成各种配电盘或低压配电柜；在高压系统中，就形成各种高压配电柜。

变配电室的位置在其配电范围内布置在接近电源侧，并位于或接近于用电负荷中心，保证进出线路顺直、方便、最短。高层建筑的变配电室宜设在该建筑物的地下室或首层通风散热条件较好的位置，配电室应具有相应的防火技术措施。

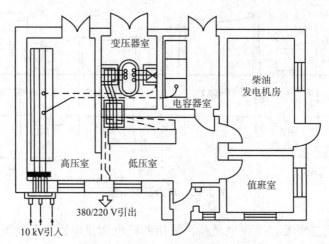

图3-22　户内型变配电室平面布置

变配电室主要电气设备如下：

（1）高压配电柜。高压配电柜主要安装有高压开关电器、保护设备、监测仪表和母线、绝缘子等。

（2）变压器。供配电系统中使用的变压器称为电力变压器，常见的有环氧树脂干式变压器及油浸式变压器。建筑物配电室多使用干式变压器。

（3）低压配电柜。常用的低压配电柜分固定式和抽屉式两种。其中，主要安装有低压开关电器、保护电器、监测仪表等，在低压配电系统中作控制、保护和计量之用。

（4）自备发电机组。

二、建筑供配电系统监控

供配电系统是建筑的动力供电系统，如果没有供配电系统，建筑内的空调系统、给水排水系统、照明与动力系统、电梯系统，甚至消防、防盗保安系统都无法工作，成为一堆废物。因此，供配电系统是智能建筑的命脉，电力设备的监视和管理是至关重要的。正因为如此，设备中央控制室管理人员没有权限去合分供配电线路，智能化系统只能监视设备运行状态，而不能控制线路开关设备。简单地说，就是对供配电系统施行的是"只监不控"。

1. 供配电设备智能化监控系统主要功能

（1）监视电气设备运行状态。监视电气设备运行状态包括高、低压进线主开关分合状态及故障状态监测；柴油发电机切换开关状态与故障报警。

（2）对用电参数测量及用电量统计。对用参数测量及用电量统计包括高压进线三相电流、电压、功率及功率因数等监测；主要低压配电出线三相电流、电压、功率及功率因数等监测；油冷变压器油温及油位监测；柴油发电机组油箱油位监测。这些参数测量值通过计算机软件绘制用电负荷曲线，如日负荷、年负荷曲线，并且实现自动抄表、输出用户电费单据等。

2. 供配电系统主要监视设备

（1）电压变送器。监测电压参数。

（2）电流变送器。监测电流参数。

（3）功率因数变送器。监测功率因数参数。

（4）有功功率变送器。监测有功功率参数。

（5）有功电度变送器。监测有功电度参数，即电量计量。

（6）DDC 控制器。整个监控系统的核心。接收各检测设备的监测点信号。

单元五　照明监控系统

一、照明控制原理

电气照明系统是建筑物的重要组成部分之一，其基本功能是保证安全生产、提高劳动效率、保护视看者视力和创造一个良好的人工视觉环境。一般分有工作照明、局部照明、应急照明、景观照明等。照明装置主要指灯具，照明电气设备包括电光源、照明开关、照明线路及照明配电箱等。

楼宇照明设备的控制有以下几种典型控制模式。

（1）时间表控制模式。时间表控制模式是楼宇照明控制中最常用的控制模式，工作人员预先在上位机编制运行时间表，并下载至控制器，控制器根据时间表对相应照明设备进行启/停控制。

（2）情景切换控制模式。工作人员预先编写好几种常用场合下的照明方式，并下载至控制器，控制器读取现场场景切换按钮状态或远程系统情景设置，并根据读入信号切换至对应的照明模式。

（3）动态控制模式。动态控制模式往往和一些传感器设备配合使用。如根据照度自动调节的照明系统中需要有照度传感器，控制器根据照度反馈自动控制相应区域照明系统的启/停或照明亮度。又如，有些走道可以根据相应的声感、红外感应等传感器判别是否有人经过，借以控制相应照明系统的启/停等。

（4）远程强制控制模式。除以上介绍的自动控制方式外，工作人员也可以在工作站远程对固定区域的照明系统进行强制控制，远程设置其照明状态。

（5）联动控制模式。联动控制模式是指由某一联动信号触发的相应区域照明系统的控制变化，如火警信号的输入、正常照明系统的故障信号输入等均属于联动信号。当它们的状态发生变化时，将触发相应照明区域的一系列联动动作，如逃生诱导灯的启动、应急照明系统的切换等。

以上各种控制模式之间并不相互排斥，在同一区域的照明控制中往往可以配合使用，这就需要处理好各模式之间的切换或优先级关系。以走廊照明系统为例，可以采用时间表控制、远程强制控制及安保联动控制三种模式相结合的控制方式。其中，远程强制控制的优先级高于时间表控制，安保联动控制的优先级高于强制远程控制。

二、照明系统监控

(一) 照明系统监控需求

照明设备的自动控制需根据不同的场合、用途需求进行，以满足用户的需求。照明设备监控系统所应用的场合及具体需求如下。

1. 办公室及酒店客房等区域

办公室及酒店客户等区域的照明控制方式有就地手动控制、按时间表自动控制、按室内照度自动控制等。

2. 门厅、走廊、楼梯等公共区域

门厅、走廊、楼梯等公共区域的照明控制主要采用时间表控制、动态控制模式。

3. 大堂、会议室、接待厅、娱乐场所等区域

大堂、会议室、接待厅、娱乐场所等区域照明系统的使用时间不定，不同场合对照明需求差异较大，因此往往预先设定几种照明场景，使用时根据具体场合进行切换。以会议室为例，在会议的不同进程中，对会议室的照明要求各异。会议尚未开始时，一般需要照明系统将整个会场照亮；主席发言时要求灯光集中在主席台，听众席照明相对较弱；会议休息时一般将听众席照明的照度提高，而主席台照明的照度减弱等。在这类区域的照明控制系统中，预先设定好集中常用场景模式，需要进行场景切换时只需按动相应按钮或在控制计算机上进行相应操作即可。

4. 泛光照明系统

泛光照明的启 / 停控制一般由时间表或人工远程控制。

5. 事故及应急照明设备

事故及应急照明设备的启动一般由故障或报警信号触发，属于系统间或系统内的联动控制。如火灾报警触发逃生诱导灯的启动，正常照明系统故障触发相应区域应急照明设备的启动等。

6. 其他区域照明

除上述讨论的几个典型区域和用途的照明外，建筑物照明系统还包括航空障碍灯、停车场照明等，这些照明系统大多均采用时间表控制方式或按照度自动调节控制方式进行控制。障碍照明属于一级负荷，应接入应急照明回路。

(二) 照明系统监控组成

建筑设备自动化系统直接监控的照明系统主要包括公共区域照明、应急照明、泛光照明等，这些照明设备的监控大都是开关量，包括设备启 / 停、运行 / 故障状态监视、手 / 自动状态监视等。其中，应急照明一般只监不控，其联动控制内容由其他系统完成。图 3-23 所示为典型照明系统监控原理图。

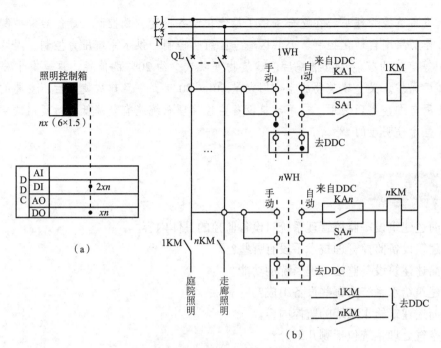

图 3-23 典型照明系统监控原理图
（a）照明监控原理示意；（b）照明控制箱接线原理示意

模块小结

　　建筑设备监控管理系统（又称建筑设备自动化系统）是将建筑物或建筑群内的给排水、空调、电力、照明、防灾、保安、车库管理等设备或系统，以集中监视、控制和管理为目的构成的综合系统。建筑设备自动化系统建设的主要目的是降低建筑设备系统的运行能耗和减轻运行管理的劳动强度，提高设备运行管理的水平。

　　自动测量、监视与控制是建筑设备监控管理系统的三大技术环节和手段，通过它们可以正确掌握建筑设备的运转状态、事故状态、能耗与负荷的变动等情况，从而适时采取相应处理措施，以达到智能建筑正常运作和节能的目的。

　　建筑内部给水系统的任务是将室内给水管网的水经济合理、安全可靠地输送到安装在室内不同场所的各个配水嘴、生产用水设备或消防用水设备等处，并满足用户对水量、水压和水质的要求。

　　暖通空调是供暖、通风和空气调节系统的总称。在智能建筑中，暖通空调系统的耗电量通常占全楼总耗电量的50%以上，其监控点数量常常占全楼建筑设备自动化系统监控点总数的50%以上，通过监控实现对暖通空调系统的最优化控制。

　　建筑设备自动化系统除对给水排水、暖通空调设备进行监控外，还可实现对楼宇中供配电设备、建筑照明设备的监控。供配电系统的监控对保障智能建筑的安全、可靠运行具有重要意义；建筑照明系统的监控不仅可实现自动控制，而且还能达到节能的效果。

建筑设备监控管理系统在充分采用了最优化设备投运台数控制、最优启停控制、焓值控制、工作面照度自动化控制、公共区域分区照明控制、供水系统压力控制、温度自适应设定控制等有效的节能运行措施后，建筑物可以减少约 20% 的能耗，这具有十分重要的经济与环境保护意义。建筑物的生命周期是 60～80 年，一旦建成使用后，主要的投入就是能源费用与维修更新费用。应用建筑设备监控管理系统能有效降低运行费用的支出，其经济效益是十分明显的。

复习与思考题

1. 简述建筑设备监控管理系统对设备监控的具体内容。
2. 建筑设备监控管理技术手段有哪些？
3. 简述建筑设备监控管理系统的功能。
4. 建筑给水系统由哪些设备组成？
5. 简述建筑给水系统的监控内容。
6. 空气处理系统包括哪几部分？
7. 冷热源系统中，冷源设备和热源设备分别包括哪些？
8. 供电负荷分为哪几个等级？
9. 智能建筑属于几级供电负荷？这种供电方案有什么特点？
10. 楼宇照明设备有哪几种典型控制模式？

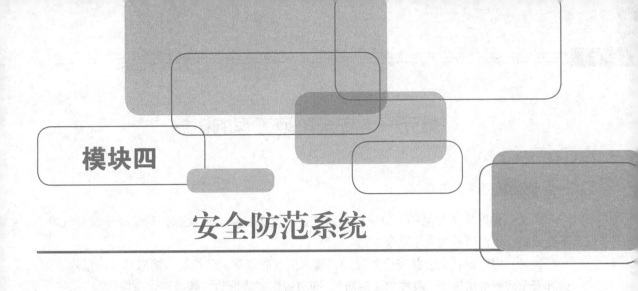

模块四

安全防范系统

知 识 目 标

1. 了解安全防范系统的基本概念、组成和分类。

2. 掌握安全防范系统的基本原理和应用。

3. 了解各种安全防范系统的相关技术。

技 能 目 标

1. 具备分析和解决安防技术问题的能力,能够独立完成安防系统的规划、设计、实施和维护工作。

2. 了解各种安防技术,如视频监控、入侵报警、门禁控制等,能够根据客户需求进行系统设计,并制定相应的安防策略。

3. 掌握安防系统的安装和调试方法,能够根据设计方案进行现场施工和项目管理,确保工程质量和进度。

4. 熟悉安防系统的日常维护和保养工作,能够及时排除系统故障,确保系统稳定运行。

素 养 目 标

1. 培养具备良好的法律意识和法律职业素养,掌握安全防范技术专业基本理论知识,具备安防系统管理、系统设计、工程实施、系统维护能力的高素质应用型人才。

2. 了解相关法律法规和标准,能够遵守职业道德和规范,为客户提供合法、合规的安防服务。

3. 培养良好的沟通协调能力、团队合作能力和创新能力,能够适应不断变化的市场环境和社会需求。

单元一　安全防范工程的概念

一、安全防范系统的定义

广义：做好准备与保护，以应付攻击或避免受害，从而使被保护对象处于没有危险、不受威胁、不出事故的安全状态。

狭义：以维护社会公共安全为目的，防入侵、防盗窃、防抢劫、防破坏、防爆炸、防火和安全检查等措施（一般称为"四防"，即防盗窃、防抢劫、防破坏、防爆炸）。

损失预防和犯罪预防是安全防范的本质内涵。

安全防范的三种基本防范手段是人防、物防、技防。

（1）人防：人力防范，执行安全防范任务和具有相应素质人员或群体的一种有组织的防范行为。

（2）物防：实体防范，用于安全防范目的、能延迟风险事件发生的各种实体防护手段。

（3）技防：技术防范，利用各种电子信息设备组成系统或网络以提高探测、延迟、反应能力和防护功能的安全防范手段。

安全防范的三种基本防范要素是探测、延迟、反应。$T_{探测}+T_{反应} \leqslant T_{延迟}$。

首先，通过各种传感器和多种技术途径，探测到环境物理参数的变化或传感器自身工作状态的变化，及时发现风险行为；然后，通过实体阻挡和物理防护等设施来起到威慑和阻滞双重作用，尽量推迟风险的发生时间；最后，在防范系统发出警报后采取必要的行动来制止风险的发生、发展或处理突发事件。

二、安全防范技术

（1）入侵探测和防盗报警技术。

（2）视频监控技术。

（3）出入口目标识别与控制技术。

（4）报警信息传输技术。

（5）移动目标反劫防盗报警技术。

视频：安全防范系统

（6）社区安防与社会救助应急报警技术。

（7）实体防护技术。

（8）防爆安检技术。

（9）安全防范网络与系统集成技术。

（10）安全防范工程设计与施工技术。

三、安全技术防范

安全技术防范是指利用安全防范的技术手段进行安全防范一类的工作。或者说，安全技术防范就是运用技术产品、设施和科学手段，预防和制止违法行为，维护公共安全活动。

四、安全技术防范产品

安全技术防范产品特指用于防止国家、集体、个人财产和人身安全受到侵害的一类专用设备、软件、系统。或者说，安全技术防范产品是指用于防盗、防抢、防破坏、防爆炸等防止财产和人身安全受到侵害的专用产品。

五、安全技术防范工程（设施、系统）

安全技术防范工程（设施、系统）指以维护社会公共安全为目的，综合运用技防产品和科学技术手段组成的安全防范系统。具体来说，安全技术防范工程就是以安全防范为目的，将具有防入侵、防盗窃、防抢劫、防破坏、防爆炸功能的专用设备、软件有效组合成一个有机整体，构成一个具有探测、延迟、反应综合功能的技术网络。

六、风险等级、防护级别、安全防护水平

（1）风险等级。风险等级指存在于人和财产周围的、对他（它）们构成严重威胁的程度。

被保护对象的风险等级主要根据其人员、财产、物品的重要价值、日常业务数量、所处地理环境、受侵害的可能性及公安机关对其安全水平的要求等因素综合确定。

①一级风险为最高风险。
②二级风险为高风险。
③三级风险为一般风险。

（2）防护级别。防护级别指对人和财产安全所采取的防范措施（技术和组织）的水平。防护级别的高低既取决于技术防范的水平，也取决于组织管理的水平。被保护对象的防护级别，主要由所采取的综合安全防范措施（人防、物防、技防）的硬件、软件水平来确定。

①一级防护为最高安全防护。
②二级防护为高安全防护。
③三级防护为一般安全防护。

（3）安全防护水平。安全防护水平指风险等级别防护级别所覆盖的程度，即达到或实现安全的程度。

（4）风险等级和防护级别的关系。一般来说，风险等级与防护级别的划分应有一定的对应关系：各风险的对象应采取对应或高级别的防护措施，才能获得高水平的安全防护。

七、安全技术防范系统的基本构成

（1）出入口控制子系统。

（2）电视监控子系统。

（3）防盗报警子系统。

（4）电子巡更子系统。

此外，在此基础上衍生出周界防护入侵报警系统、访客对讲系统和停车库管理系统等。这些系统由计算机协调起来共同工作，构成集成化安全防范系统，进行实时、多功能的监控，并能对得到的信息进行及时的分析与处理，实现高度的安全防范目的。一个基本的安全防范系统如图 4-1 所示。

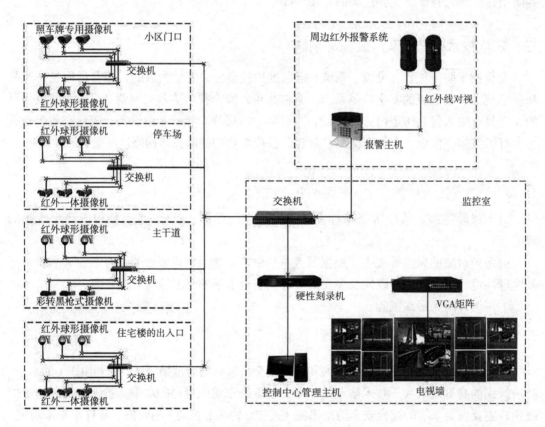

图 4-1　安全防范系统基本结构图

单元二　出入口控制系统

出入口控制系统是利用自定义符识别和模式识别技术，对出入口目标进行识别并控制出入口执行机构启闭的电子系统或网络。出入口控制系统是又称门禁管理系统，它实现对正常的出入通道进行管理，控制人员出入，控制人员在楼内或相关区域的行动。

一、出入口控制系统的组成

出入口控制系统由识读部分、传输部分、管理／控制部分和执行部分及相应的系统软件组成，如图 4-2 所示。

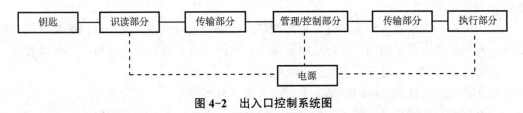

图 4-2　出入口控制系统图

二、出入口控制系统的功能

（1）系统应在楼内（外）出入口、通道、重要房间门等处设置出入口控制装置，对被设防区的通过对象及其通过时间等进行授权、实时和多级程序控制，系统应有报警功能。

（2）系统的信息处理装置应能对系统中的有关信息自动记录、打印、储存，并有防篡改和防销毁等功能措施，

（3）系统应能独立运行，并能与火灾自动报警系统、视频安防监控系统、入侵报警系统联动。

（4）对通道进出权限的管理。

①进出通道的权限：对每个通道设置哪些人可以进出，哪些人不能进出。

②进出通道的方式：对可以进出该通道的人进行进出方式的授权，进出方式通常有密码、读卡、生物识别、读卡＋密码等方式。

③进出通道的时段：设置该通道的人可以在什么时间范围内进出。

（5）实时监控功能。系统管理可以实时查看每个门区人员的进出情况（同时可以有照片显示）、每个门区的状态；也可以在紧急状态打开或关闭所有的门区。

（6）出入记录查询功能。系统可储存所有的进出记录、状态记录，可按不同的查询条件查询，配备相应考勤软件可实现考勤、门禁一卡通。

（7）异常报警功能。在异常情况下可以报警，如非法侵入、门超时未关等。

（8）其他功能。

①反潜回功能：持卡人必须依照预先设定好的路线进出，否则下一通道刷卡无效。

②防尾随功能：持卡人必须关上刚进入的门才能打开下一个门。

③消防联动功能：在出现火警时门禁系统可以自动打开所有电子锁，让里面的人随时逃生。

④逻辑开门功能：简单地说就是同一个门需要几个人同时刷卡（或其他方式）才能打开电控门锁。

三、出入口控制系统的特点

（1）每个用户持有一个独立的卡、指纹或密码，它们可以随时从系统中取消。卡等一旦丢失，即可使其失效，而不必像机械锁那样重新配钥匙，并查新所有人的钥匙，甚至换锁。

（2）可以预先设置任何人的优先权或权限。一部分人可以进入某个部门的某些门，另一部分人可以进入另一组门。这样可以控制谁什么时间可以进入什么地方，还可以设置一个人在哪几天或者一天可以多少次进入哪些门。

（3）系统所有活动都可以记录下来，以备事后分析。

（4）用很少的管理员就可以在控制中心控制整个大楼内外所有出入口。

（5）系统的管理操作用密码控制，防止任意改动。

（6）整个系统有后备电源支持，保证停电后一段时间内仍能正常工作。

（7）具有紧急全开门或全闭门功能。

四、出入口控制系统的分类

（1）按进出识别方式划分。出入口控制系统按进出识别方式划分可分为密码识别、卡片识别、生物识别。

①密码识别。通过检验输入的密码是否正确来识别进出权限，通常每三个月查换一次密码。

②卡片识别。通过读卡或读卡加密码方式来识别进出权限。按卡片种类又分为磁卡和 CPU 卡。

③生物识别。通过检验人员生物特征等方式来识别进出，有指纹型、虹膜型、面部识别型。

（2）按其硬件构成模式划分。出入口控制系统按其硬件构成模式划分可分为一体型和分体型。

①一体型出入口控制系统的各个组成部分通过内部连接、组合或集成在一起，实现出入口控制的所有功能，如图 4-3 所示。

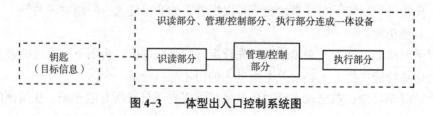

图 4-3　一体型出入口控制系统图

②分体型出入口控制系统的各个组成部分，在结构上有分开的部分，也有通过不同方式组合的部分。分开部分与组合部分之间通过电子、机电等手段连成为一个系统，实现出入口控制的所有功能，如图 4-4 所示。

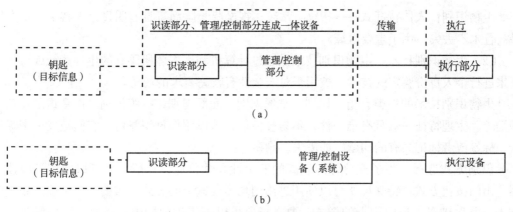

图 4-4　分体型出入口控制系统图

(a) 分体型结构组成之一；(b) 分体型结构组成之二

（3）出入口控制系统按其管理／控制方式划分。出入口控制系统按其管理／控制方式划分可分为独立控制型、联网控制型和数据载体传输控制型。

五、出入口控制系统管理法则

（1）进出双向控制。出入者在进入保安区及退出保安区时，都需要出入口控制系统验明身份。只有授权者才允许出入。这种控制方式使系统除可掌握何人在何时进入保安区域外，还可了解何人在何时离开了保安区域，了解当前共有多少人在保安区域内，他们都是谁。

（2）多重控制。在一些保安密级较高的区域，出入时段可置多重鉴别，或采用同一种鉴别方式进行多重检验，或采用几种不同鉴别方式重叠验证。只有在各次、各种鉴别都获允许的情况下，才允许通过。

（3）二人同时出入。可通过把系统设置成只有两人同时通过各自验证后才允许进入或退出保安区域的方式来实现安全级别的增强。

（4）出入次数控制。对用户限制出入次数，当出入次数达到限定值后该用户将不再允许通过。

（5）出入日期（或时间）控制。对用户的允许出入的日期、时间加以限制，在规定日期及时间之外，不允许出入，超过限定期限也将被禁止通过。

六、主要设备

1. 识读设备——读卡器

对通行人员的身份进行识别和确认的设备，是出入口控制系统的重要组成部分。读取卡片中数据（生物特征信息）。

（1）识别方式（钥匙）。

密码识别：键盘式——密码，安装简单，安全性不高，一般与读卡式混用。

卡片识别：读卡式——磁卡、感应卡磁卡和 IC 感应卡，使用方便，安全性较高。

生物识别：人体特征式——指纹、掌纹、视网膜、脸面等具有明显个人特征。安全性最高且永不丢失，用于重要区域。

（2）生物识别技术。生物识别技术是通过计算机利用人体所固有的生理特征或行为特征来进行个人身份鉴定的技术。被用于对安全性有较高要求的场所。

生物识别技术的种类有指纹识别、掌形识别、面部识别、虹膜识别、声音识别、签字识别等。生理特征一般具有唯一性，不易被模仿，可以用作辨识身份。它们被发展来弥补卡、标签或者标记共有的问题，如丢失、偷窃等。

识别方式选择：为了充分保障较高的安全性和性价比，一般场所可以使用进门读卡器、出门按钮方式；特殊场所可以使用进出门均需要刷卡的方式；重要场所可以采用进门刷卡＋乱序键盘、出门刷卡的方式；要害场所可以采用进门刷卡＋指纹＋乱序键盘、出门刷卡的方式。

2. 执行单元——电控锁

电控锁是门禁系统中锁门的执行部件。用户应根据门的材料、出门要求等需求选取不同的锁具。主要有以下几种类型。

（1）电磁锁。电磁锁断电后是开门的，符合消防要求。并配备多种安装架以供顾客使用。这种锁具适于单向的木门、玻璃门、防火门、对开的电动门。

（2）阳极锁。阳极锁是断电开门型，符合消防要求。它安装在门框的上部。与电磁锁不同的是阳极锁适用于双向的木门、玻璃门、防火门，而且它本身带有门磁检测器，可随时检测门的安全状态。

（3）阴极锁。一般的阴极锁为通电开门型。阴极锁适用单向木门。由于停电时阴极锁是锁门的，故安装阴极锁一定要配备 UPS 电源。

（4）电控锁。电控锁通常在断电时呈开门状态，应满足消防要求，注意防雨、防锈。

电控锁通过电流的通断驱动"锁舌"地伸出或缩回以达到锁门或开门的功能。金属锁面有光泽，待机电流一般为 300 mA 左右，动作电流一般要低于 900 mA。

（5）按钮。出门按钮，用于对出门无限制情况的使用。

3. 管理／控制部分

门禁控制器是系统的核心部分，其功能相当于计算机的 CPU，它负责整个系统的输入、输出信息的处理和储存、控制等。

4. 卡片

卡片即开门的钥匙。可以在卡片上打印持卡人的个人照片，开门卡、胸卡合二为一。

5. 其他设备

（1）出门按钮：按一下打开门的设备，适用于对出门无限制的情况。

（2）门磁：用于检测门的安全／开关状态等。

（3）电源：整个系统的供电设备，分为普通和后备式（带蓄电池的）两种。

（4）门禁软件：负责对系统的监控、管理、查询等工作。

单元三 电视监控系统

一、电视监控系统概述

（一）闭路电视监控系统的功能

闭路电视监控系统在住宅小区主要通道、重要公共建筑及周界设置前端摄像机，通过遥控摄像机及其辅助设备（电动镜头及云台等），在监控中心就可直接观察被监控场所的各种情况，以便及时发现和处理异常情况。

闭路电视监控系统的主要功能如下：

（1）对小区或公共建筑物的主要出入口、主干道、周界围墙、停车场出入口及其他重要区域进行记录。

（2）监控中心监视系统应采用多媒体视像显示技术，由计算机控制、管理及进行图像记录。

（3）系统可与防盗报警系统联动进行图像跟踪及记录。

（4）视频失落及设备故障报警。

（5）图像自动/手动切换、云台及镜头的遥控。

（二）闭路电视监控系统的组成形式

根据监视对象监视方式不同，闭路电视监控系统的组成方式一般有4种类型。

1. 单头单尾方式

单头单尾方式是最简单的组成方式，如图4-5（a）所示。头指摄像机，尾指监视器。这种由一台摄像机和一台监视器组成的方式用在一处连续监视一个固定目标的场合。图4-5（b）增加了一些功能，如摄像镜头焦距的长短、光圈的大小、远近聚焦都可以遥控调整，还可以遥控电动云台的左右、上下运动和接通摄像机的电源。摄像机加上专用外罩就可以在特殊的环境条件下工作，这些功能的调节都是靠控制器完成的。

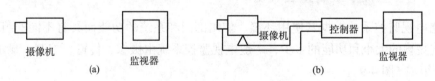

摄像机　　　　　　　　监视器　　　　　　摄像机　　控制器　　　监视器
　　　　　　(a)　　　　　　　　　　　　　　　(b)

图 4-5　单头单尾方式系统图

2. 单头多尾方式

如图4-6（c）所示，单头多尾方式是由一台摄像机向许多监视点输送图像信号，由各个点上的监视器同时观看图像。这种方式用在多处监视同一个固定目标的场合。

3. 多头单尾方式

图4-7所示为多头单尾系统，其适用于一处集中监视多个目标的场合。它除控制功能

外，还具有切换信号的功能。如果系统中设有动作控制的要求，那么它就是一个视频信号选切器。

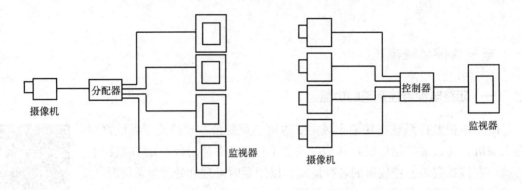

图 4-6　单头多尾方式系统图　　　　图 4-7　多头单尾方式系统图

4. 多头多尾方式

图 4-8 所示为多头多尾任意方式的系统，其适用于多处监视多个目标的场合。此时宜结合对摄像机功能遥控的要求，设置多个视频分配切换装置或短阵网络。每个监视器都可以选切各自需要的图像。

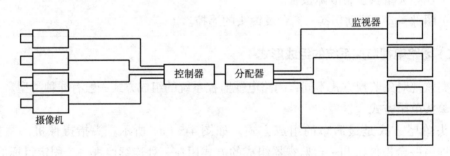

图 4-8　多头多尾方式系统图

二、闭路电视监控系统的主要设备

闭路电视监控系统根据其使用环境、使用部门和系统的功能而具有不同的组成方式，无论系统规模的大小和功能的多少，一般电视监控系统由摄像、传输、控制、显示和记录 4 个部分组成（图 4-9）。

（一）摄像机部分

1. 摄像机

摄像机处于闭路电视监控系统的前端，它将被摄物体的光图像转变为电信号——视频信号，为系统提供信号源，因此它是该系统中最重要的设备之一。黑白与彩色摄像机对比见表 4-1。

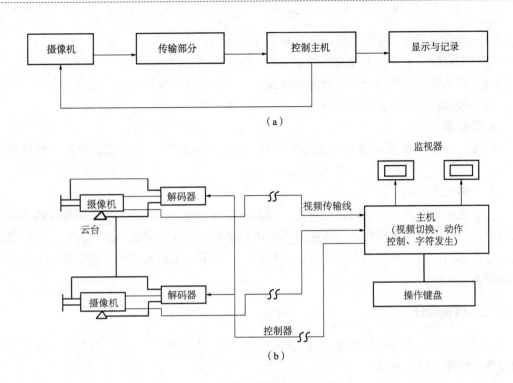

图 4-9　闭路监控系统图

（a）组成框图；（b）简例

表 4-1　黑白与彩色摄像机对比

项目	黑白摄像机	彩色摄像机	项目	黑白摄像机	彩色摄像机
灵敏度	高	低	图像观察感觉	只有黑白	有色彩、真实
分辨率	高	低	价格	低	高
尺寸及质量	小	大			

2. 摄像机的镜头

镜头是摄像机的眼睛，起着收集光线的作用，正确选择镜头以及良好的安装与调整是清晰成像的第一步。

（1）按摄像机镜头的分类可分为 1 in、1/4 in 等规格。

（2）按镜头安装可分为 C 安装座和 CS 安装（特种 C 安装）座。

（3）按镜头光圈可分为手动光圈和自动光圈。

（4）按镜头的视场大小，可分为标准镜头、广角镜头、远摄镜头、变焦镜头、针孔镜头。

3. 云台

摄像机云台是一种安装在摄像机支撑物上的工作台，用于摄像机与支撑物之间的连接，云台具有水平和垂直回转的功能。

云台的种类很多，可按不同方式分类如下：

（1）按安装部分，可分为室内云台和室外云台。

（2）按运动方式分，可分为有固定支架云台和电动云台。

（3）按承受负载能力分，可分为转载云台、中载云台、重载云台、防爆云台。

（4）按旋转速度分，可分为恒速云台、可变速云台。

4. 防护罩

摄像机防护罩按其功能和使用环境可分为室内型防护罩、室外型防护罩、特殊型防护罩。

5. 一体化摄像机

一体化摄像机现在专指可自动聚焦、镜头内建的摄像机，其技术从家用摄像机技术发展而来。与传统摄像机相比，一体化摄像机体积小巧、美观，安装、使用方便，监控范围广，性价比高，在成功应用于教育行业视频展示台之后，正对安防产业监控系统形成新一轮的冲击。

（二）传输部分

传输部分的任务是把现场摄像机发出的信号传送到控制中心。它一般包括线缆调制解调设备、线路驱动设备等。

监视现场和控制中心之间有两种信号需要传输：一种是摄像机得到的图像信号要传到控制中心；另一种是控制中心的控制信号要传送到现场，控制现场设备。

视频信号的传输可以是直接控制，即控制中心把控制量直接送入被控设备，如云台和变焦距镜头所需的电源、电流信号等。这种方式适用于现场控制设备较少的情况。

另外，控制信号还可采用通信编码间接控制。这种方式采用串行通信编码控制方式，用单根线可以控制多路控制信号，到现场后再进行解码。这种方式可以传送1 000 m以上，能够大大节约线路费用。

除上述方式外，还有一种控制信号和视频信号复用一条电缆的同轴视控传输方式。这种方式不需要另行铺设控制电缆。其实现方法有两种：一种是频率分割，即把控制信号调制在与视频信号不同的频率范围内，然后同视频信号一起传送，到现场后再将它们分解开；另一种是利用视频信号场消隐期间传送控制信号。同轴视控在短距离传送时较其他方法有明显的优点，但目前此类设备价格较高，设计时可综合考虑。

（三）控制部分

控制部分主要由总控制台和副控制台组成。总控制台中的主要功能有视频信号放大与分配、图像信号的校正与补偿、图像信号的切换、图像信号（或包括声音信号）的记录、摄像机及其辅助部件（如镜头、云台、防护罩等）的控制（遥控）等。

总控制台上主要设备是视频矩阵切换控制主机（图4-10）和解码器，其对摄像机及其辅助设备（如镜头、云台、防护罩等）的控制一般采用总线方式。

1. 视频矩阵切换控制主机

（1）矩阵切换主机的分类。

①按系统的连接方式分类，可分为并联连接方式矩阵切换主机和星形连接方式矩阵切

换主机两种。

②按系统的容量大小分类，可分为小规模矩阵切换主机和大规模矩阵切换主机两种。

（2）矩阵切换主机具备的主要功能。

①接收各种视频装置的图像输入，并根据操作键盘的控制将它们有序地切换到相应的监视器上供显示或记录，完成视频矩阵切换功能。通常是以电子开关器件实现。

②接收操作键盘的指令，通过解码器完成对摄像机云台、镜头、防护罩的动作控制。

③键盘有口令输入功能，可防止未授权者非法使用本系统，多个键盘之间有优先等级安排。

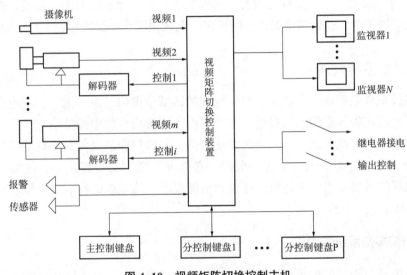

图 4-10　视频矩阵切换控制主机

④对系统运行步骤可以进行编程，有数量不等的编程程序可供使用，可以按时间顺序来触发运行所需程序。

⑤有一定数量的报警输入和继电器接点输出端，可接收报警信号输入和端接控制信号输出。

⑥有字符发生器可在屏幕上生成日期、时间、场所、摄像机号等信息。

2. 解码器

解码器是一种能将数字视音频数据流解码还原成模拟视音频信号的硬件 / 软件设备。像视频的 mpeg4，音频的 mp3、ac3、dts 等这些编码器可以将原始数据压缩存放。

解码器的存在是因为音频、视频数据存储要先通过压缩，否则数据量太庞大，而压缩需要通过一定的编码，才能用最小的容量来存储质量最高的音频、视频数据。

（四）显示和记录部分

显示部分一般由几台或多台监视器组成，它的功能是将传送过来的图像一一显示出来。记录部分中的录像机，其功能是将传送过来的图像一一记录下来，供分析研究使用。

（1）视频监视器。

（2）多画面处理器。

（3）录像机。

单元四　防盗报警系统

随着社会的进步和科学的发展，人类进行现代化管理、安全防范的技术水平也不断提高。目前，我们已基本上摆脱了"手持武器、瞪大眼睛"的人力机械防守手段，科技强兵、靠现代技术武装自己，提高安全防范的可靠性和效率。其中，防盗报警系统是安防系统中应用最广泛的手段之一。其独特的功能是其他安防手段所无法比拟的。目前，防盗报警系统已被广泛应用于部队、公安机关、金融机构、现代化综合办公大楼、工厂、商场等领域。

一、防盗报警系统概述

防盗报警系统是指在一个或多个单位构成的区域范围内，采用无线、专用线或借用线的方式将各种防盗报警探测器、报警控制器等设备连接构成集中报警信息探测、传输、控制和声、光响应的完整系统。它能及时发现警情，并将报警信息传送至有关部门，达到及时发现警情、迅速传递、快速反应。组建一套合理、适用的报警系统，将起到预防、制止和打击犯罪的重要作用，能使损失减少到最低程度。该系统的特点是性能可靠，功能强大，安装简单。

（一）防盗报警系统的功能

报警主机可与闭路监控系统多媒体计算机中央（报警）控制主机及其控制管理软件联动操作，集成了闭路电视监控、入侵报警监视等安防系统管理和控制功能，并可通过标准的计算机网络通信等手段与巡更系统、通信联络系统、火灾自动（消防）报警系统等系统的控制主机联网，进行必要的数据交流与共享，进行多等级、分范围、分功能、分优先权的保密管理和控制，协调各系统的运行，构成综合安全防范体系。

（二）防盗报警系统的分类

防盗报警系统主要分为周界防范系统和巡更系统两大系统。

1.周界防范系统

周界防范系统又称边界报警系统。其采用的技术有红外型、微波型、地埋式、震动式等多种，此处仅介绍红外型。红外型周界防范系统采用远距离红外对射探头，利用接口与布线接连，实现对小区的周边防范。一旦小区周边有非法侵入，小区管理处的管理机和计算机就会发出报警，指出报警的编码、时间、地点、电子地图等。该系统主要由红外对射探头、边界接口、边界信号处理器、管理机或计算机组成。边界接口主要用来捕捉红外对射探头的报警信号，及时地送给边界信号处理器，边界信号处理器一方面对每一个边界接口进行查询，监督其运行情况，一方面将边界接口送来的报警信号传给管理机或计算机发出报警信号。

周界防范系统是为防止从非入口地方未经允许擅自闯入，避免各种潜在的危险。系统常采用主动式远红外多光速控制设备，要求与闭路电视监控系统配合使用，以达到性能好／可靠性高的要求。周界防范系统具有如下特点：

（1）系统的感应器能自动侦测出侵入之人或物并同时发出警报声，不需要值班人员长时间监看屏幕，也可利用值班人员随身携带的呼叫器告知发生警报，可早期发现预先防范。

（2）系统可用低照度野猫眼彩色摄像机，不须加装照明设备，日夜共用。

（3）下雨、下雪、多云的天气与太阳光的变化，鸟、猫、老鼠与树叶、荧光灯等都不会引发错误的警报。

2. 巡更系统

巡更系统的内容在后文单元五电子巡更系统做详细介绍，这里不再赘述。

（三）防盗报警系统的组成与工作原理

1. 防盗报警系统的组成

防盗报警系统包括当窃贼侵入防区时，引起报警的装置报警器（探测器）、防盗报警控制器及验证设备等。一个完善的防盗报警系统还应包括响应力量，即警卫力量。

（1）报警器。报警器又称探测器，是用探测入侵者的移动或其他动作的电子及机械部件所组成的，在需要防范的场所安装的能感知出现危险情况的设备。探测器包括主动红外入侵探测器、被动红外入侵探测器、微波入侵探测器、微波和被动红外复合入侵探测器、超声波入侵探测器、振动入侵探测器、音响入侵探测器、磁开关入侵探测器、超声和被动红外复合入侵探测器等。

（2）防盗报警控制器。防盗报警控制器是指在入侵报警系统中，实施设置警戒、解除警戒、判断、测试、指示、传送报警信息以及完成某些控制功能的设备，包括有线、无线的防盗报警控制、传输、显示、存储等设备。

（3）验证设备。验证设备及其系统，即声／像验证系统，由于报警器不能做到绝对的不误报，所以往往附加电视监控和声音监听等验证设备，以确切判断现场发生的真实情况，避免警卫人员因误报而疲于奔波。电视验证设备后来又发展成为视频运动探测器，使报警与监视功能合二为一，减轻了监视人员的劳动强度。

（4）响应力量（或称警卫力量）。根据监控中心（即报警控制器）发出的告警信号，警卫力量迅速前往出事地点，抓获入侵者，中断其入侵活动。

2. 工作原理

防盗报警系统主要用于防范重要房间（如财务室、领导办公室、贵重物品存放室等）、重要机房（如网络中心、数据中心、设备间）的入侵报警，在上述重要前端安装各种不同功能的报警探测装置，根据不同的需要设置门磁开关被动探测器、双鉴探测器、紧急报警按钮等，通过防盗报警主机的集中管理和操作控制，如布防、撤防等，构成立体的安全防护体系。当系统确认报警信号后，自动发出报警信号，提示相关管理人员及时处理报警信息，并通过与电视监控子系统的联动等功能的实现，达到很高的安防水平。

采用报警信号与摄像机进行联动，构成点面结合的立体综合防护；系统能按时间、区域、部位任意设防或撤防，能实时显示报警部位和有关报警资料并记录，同时按约定启动相应的联动控制；系统具有防拆及防破坏功能，能够检测运行状态故障；系统与闭路电视监控系统联动，所有的控制集中在中心控制室管理，同时可以设置分控中心以便于区域管理。

　　通过在重要的室内设置各类探测器，构成了一套多层次全方位的安全防盗报警系统。只要有人非法闯入，即会触发报警信息。一方面，系统会自动把报警信号传送至控制中心，值班人员可通过报警键盘和电子地图的显示确定报警定位；而另一方面，也可以通过声光报警的形式提醒值班人员的注意。

　　控制中心报警控制器，可通过键盘进行编程，可设置布、撤防密码，可显示报警方位，根据需要对不同的防区可以设置成群旁路、单旁路以及进入或退出延时等功能。

　　系统具有防破坏功能，在报警线路被切断、报警探头被破坏等情况下均能报警。发生警情时，系统能自动启动现场摄像机，将报警地点图像显示在监视器上，并在多媒体电管理计算机上自动弹出报警电子地图，同时启动硬盘录像主机进行记录。

二、防盗报警系统架构

1. 防盗报警系统组成

　　对于建筑内部或一定范围内的建筑群，可以采用总线制报警方式，实现建筑内部的集中报警管理需要，支持向当地 110 报警联网功能。

　　防盗报警系统建立一套以有线报警为主，并结合 TCP/IP 网络传输协议、多媒体控制技术、远程控制等多种技术，多层次全方位的安全防盗报警系统。同时为了更加完善防盗报警系统的功能及防范的多层面，系统设计还可以与安防系统其他子系统（视频监控系统、门禁控制系统等）进行集成，使得系统更加完善，如图 4-11 所示。

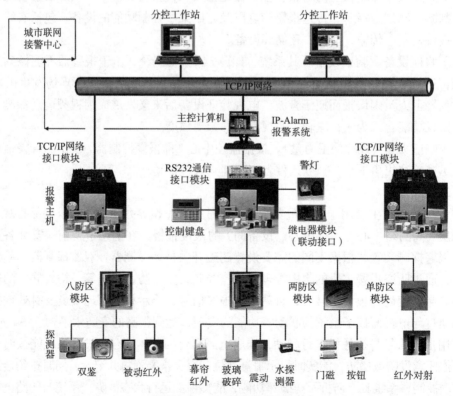

图 4-11　防盗报警系统图

由系统图可看出防盗报警系统主要由前端探测器／继电器、报警控制中心系统及系统通信路由 3 个部分组成，负责内外各个点、线、面和区域的侦测任务。其结构如图 4-12 所示。

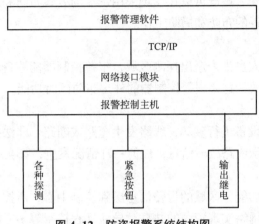

图 4-12　防盗报警系统结构图

底层由各种探测器及输出继电器组成，它们一方面负责探测人员的非法入侵，同时向报警控制主机发出报警信号；另一方面，还可以通过报警主机的继电器联动功能，控制灯光的开关和其他各种设备等。

报警控制中心由报警控制主机及报警管理软件组成。发生异常情况时发出声光报警，同时联动视频监控系统、楼宇自动化系统及门禁系统，以实现现场的灯光控制及视频保存记录。

报警控制主机与报警管理软件之间主要是通过 TCP/IP 的通信方式进行控制指令的下行与报警状态信息的上传。

2. 前端设备探测器

各类报警探测器应能具有如下功能：

（1）入侵探测器应具有防拆保护、防破坏保护的功能。当入侵探测器受到破坏，拆开外壳或信号传输线路短路以及并接其他负载时，探测器应能发出报警信号。

（2）入侵探测器应有抗外界干扰的能力，探测器对与射束轴线成 150° 或更大一点角度的任何外界光源的辐射干扰信号，应不产生误报和漏报。探测器应能满足防范区域的要求，应能满足探测信号种类的要求，承受常温气流和电磁场的干扰，不产生误报。

3. 系统功能

可手动或预先编程设置防区撤／布防时间，系统布防时间内一旦发生非法侵入，则主机发出报警声，计算机会自动弹出该层平面图，并指示出报警地点；同时，启动相应外部设备，如电视监控系统作出相应动作，楼宇自控系统打开指定区域灯光。采用总线制，防区扩展板至前端采用二线制，可划分任意多个分区，对整个系统进行分区管理，配置打印机用于即时打印报警记录。

4. 布防与撤防

在正常工作时，工作及各类人员频繁出入探测器区域，整个系统处于撤防状态，报警控制器即使接到探测器发来的报警信号也不会发出报警。下班后，处于布防状态，如果有探测器的报警信号进来，就立即报警。系统可由保安人员手动布撤防，也可以通过定义时间窗，定时对系统进行自动布、撤防。同时，由于在本技术方案中采取了 TCP/IP 双向数据传输技术，因此，保安人员既可以在现场采用键盘的方式布防和撤防，也可以在控制中心通过管理软件进行远程的布防和撤防工作。

5. 布防后的延时

如果布防时，操作人员尚未退出探测区域，报警控制器能够自动延时一段时间，等操作人员离开后布防才生效，这是报警控制器的外出布防延时功能。

6. 防破坏

如果有人对线路和设备进行破坏，线路发生短路或断路、非法撬开情况时，报警控制器会发出报警，并能显示线路故障信息；任何一种情况发生，都会引起控制器报警。

7. 报警联网功能

系统具有报警联网功能，区域的报警信息送到控制中心，由控制中心的计算机来进行资料分析处理，并通过网络实现资源的共享及异地远程控制等多方面的功能，大大提高系统的自动化程度。

单元五　电子巡更系统

巡更系统是一种在小区内部使用的安全防范措施，可监督小区保安人员是否兢兢业业地履行其职责，以确保小区内部的安全。其主要做法是在小区内合理规划出保安巡更路线，在巡更路线的关键地点设立巡更点，在每个巡更点的建筑物上安装巡更定位装置（巡更签到器），一般是巡更读卡机（或巡更钮）。保安人员手持巡更手持机（或巡更棒）巡逻，每经过一个巡更点必须在签到器处签到（用手持机读卡或用巡更棒轻触巡更钮），将巡更点的编码、时间记录到手持机中（或巡更棒内）。交班时通过相应连接设备将存储在手持机中的巡更签到信息转存到计算机中，以便系统管理员对各个保安人员的巡更记录进行统计、分析、查询和考核。

保安人员在规定的巡更路线上，在指定的时间和地点向中央控制中心发回信号以表示正常。如果在指定的时间内，信号没有发到中央控制中心，或没按规定的次序出现信号，则认为系统出现异常。这样可及时发现问题或险情，从而增大安全性。在指定的巡逻路线上安装巡更按钮或读卡器，保安人员在巡逻时依次输入信息。控制中心的计算机上有巡更系统的管理程序，可以设定巡更路线和方式，这样就可实现上述巡更功能。

电子巡更系统是一种采用先进的自动识别技术，将保安人员在巡更巡检工作中的时间、地点及情况自动准确记录下来，对保安人员的巡更巡检工作进行科学化、规范化管理的系统。其是治安管理中人防与技防相结合的一种有效的、科学的管理方案。

电子巡更管理系统是安防中的必备系统，因为没有任何电子技防设备可以取代保安，而保安最主要的安全防范工作就是巡更。传统的巡检制度的落实主要依靠保安人员的自觉性，管理者对保安人员的工作质量只能做定性评估，容易使巡逻流于形式，因此急需加强工作考核，改变对保安人员监督不力的管理方式。电子巡更管理系统能够有效地对保安人员的巡更工作进行管理，使人员管理更科学和准确。

电子巡更系统主要由信息钮、巡更棒、通信座、巡更系统管理系统 4 部分组成。巡更系统结构框图如图 4-13 所示。

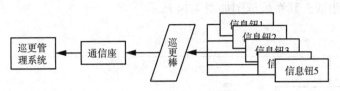

图 4-13　巡查系统结构框图

其工作原理是在每个巡查点设一信息钮（它是一种无源的只有纽扣大小、不锈钢外壳封装的存储设备），信息钮中储存了巡更点的地理信息；保安人员手持不锈钢巡更棒，到达巡更点时只须用巡更棒轻轻一碰嵌在墙上（树上或其他支撑物上）的信息纽扣，即把到达该巡更点的时间、地理位置等资料自动记录在巡更棒上。保安员完成巡更后，把巡更棒插入通信座，将保安人员的所有巡查记录传送到计算机，系统管理软件立即显示出该巡更员巡更的路线、到达每个巡更点的时间和名称及漏查的巡查点，并按照要求生成巡检报告。

电子巡更系统根据工作的方式，分为离线式电子巡更系统和普通在线式巡更系统两大类。

一、离线式电子巡更系统

根据物业管理的具体需要，在小区（或厂区）的巡更路线必经之处，粘上信息钮，然后在计算机中按照要求规定巡更班次、时间间隔、巡更路线以及具体的保安人员。工作时，保安人员根据规定的巡更时间、路线进行巡更，到达每一个信息钮处，使用随身携带的数据采集器接触信息钮即可记录下保安人员到达的时间和地点，利用巡更专用软件处理数据信息，就能做到科学有效的管理。

保安人员手握资料读取器在值班室接触代表自己的那个纽扣记忆体，表示开始上班，然后，沿巡更路线，手握资料读取器逐个接触纽扣记忆体（设于各巡更点），资料读取器便记录了这位保安人员上班的时间，到达各巡更点的时间。

接班的保安人员重复上述过程。管理人员将资料读取器插入资料转换器后，计算机便可显示巡更资料（保安人员上班时间、到达各巡更点时间）。

该子系统由巡更棒（信息采集器）、巡更点（信息钮）、计算机系统组成。

离线式电子巡更系统的巡更点及巡更点的位置的安排很容易通过软件方法扩充，且信息钮的安装也十分方便，造价较低。

二、普通在线式巡更系统

每个巡更点放置一个信息采集器，通过电缆直接连至控制管理中心计算机（原理上和门禁相同）。每个巡更点均设有时钟，储存巡更记录达 3 200 条以上。巡更时只要保安人员将巡更牌（感应式 IC 卡或者信息钮）靠近（或者接触）巡更点，信息采集器便自动记录保安人员编号、时间、地点等信息（或者通过巡更按钮来实现）。控制管理中心随时可以实时了解保安人员的巡更情况。

该子系统由巡更牌（IC 卡或信息钮）、巡更点（信息采集器）/ 巡更按钮、网络扩展器、计算机系统组成。其系统框图如图 4-14 所示。

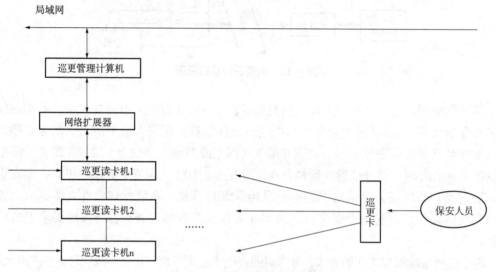

图 4-14　在线式巡更系统框图

在线式巡更系统因为安装扩充巡更点比较困难（需要布线），而且其信息钮和采集钮的数量正好与离线式相反，大量的采集器导致成本居高不下。

现代的电子巡更系统是一套用电子设备巡更巡检系统来监督、管理保安人员是否按规定路线，在规定的时间内，巡逻了规定的数量的巡更点的最有效、最科学的技防与人防相协调一致的系统。其主要目的是提高保安人员的责任心、积极性，及时消除隐患，防患于未然。

巡更系统软件安装于计算机上，用于设定巡更计划、保存巡更记录，并根据计划对记录进行分析，从而获得正常、漏检、误点等统计报表。人工智能核查处理是巡更系统软件的核心技术，如果只注重硬件而忽视软件管理，其结果是核查功能完全依赖人工完成，失去了巡更管理系统的意义。所以，管理软件尤为重要。同时，巡更系统应用的成败很大程度上取决于系统软件的易用性。

电子巡更系统的应用范围如下：

（1）适用于楼宇及小区物业、商场、超市、酒店、企事业单位等防火、防盗、保安巡检巡更。

（2）石油：输油管道、天然气管道、油罐库区、油田油井设施巡检巡更。

（3）电力：变电所、变压器、高压铁塔、线杆、高压线路、发电厂、电能表读数、安全用具巡检巡更。

（4）铁路：路基、路轨、桥梁、水电、机车、库房、候车大厅、乘警巡逻巡检巡更。

（5）电信：光缆、电话线路、电话亭、线杆、发射机站巡检巡更。

（6）公安：巡警、交警、警车、岗哨、狱警巡逻巡检巡更。

（7）军队：边防、岗哨、弹药库、军需库巡逻巡检巡更。

（8）粮库：防火、防水、防虫、温度、湿度控制巡检巡更。

（9）林业：森林防火、森警巡逻、动植物保护、防猎巡检巡更。

（10）矿业：煤矿井下安全、井上设施、车辆、煤场巡检巡更。

（11）医院：护士查房、尸体管护、人员考核、保安巡逻巡检巡更。

（12）邮政：邮箱、库房、趟车的频次/时限管理巡检巡更。

（13）机场：候机大厅、跑道巡检、消防检测巡检巡更。

（14）学校：校区、教学楼、宿舍、实验楼、图书馆巡检巡更。

模块小结

　　安全防范系统是一个综合性的系统，主要包括出入口控制系统、电视监控系统、防盗报警系统和电子巡更系统等。这些系统各自承担着不同的功能，共同维护着社区或建筑的安全。

　　（1）出入口控制系统，也称为门禁系统，主要用于对社区或建筑的内外正常出入通道进行管理。它通过读卡机、磁卡、电子门锁等设备来实现对出入口的控制，可以有效地防止未经授权的人员进入。

　　（2）电视监控系统则是一种先进的、防范能力很强的综合系统。它通过摄像机及其辅助设备直接监视和记录监控现场的实时情况，使得管理人员可以及时发现并处理异常情况。同时，电视监控系统还可以与其他安全技术防范体系联动运行，提高整体的防范效果。

　　（3）防盗报警系统负责建筑内外各个点、线、面和区域的侦测任务。一旦发现有入侵行为，它会立即产生报警信号，通知相关人员进行处理。防盗报警系统一般由探测器、报警控制器和报警控制中心三部分组成。

　　（4）电子巡更系统则是技术防范与人工防范的有机结合。它要求保安值班人员能够按照预先设定的路线顺序地对防区内各巡更点进行巡视，并记录巡视情况。这样既可以保证巡逻的质量，又可以保护巡更人员的安全。

　　总的来说，安全防范系统是一个多层次、多手段的安全防护体系，它通过各个子系统的协同工作，实现对社区或建筑全方位、全天候的安全保护。

复习与思考题

1. 简述安全技术防范的概念。

2. 简述安防控制中心的重要性。

3. 闭路电视监控系统的组成形式有哪些？

4. 防盗报警系统架构由哪几部分组成？

5. 电子巡更系统的优点有哪些？

6. 一个住宅小区完整的安防系统包括哪些？

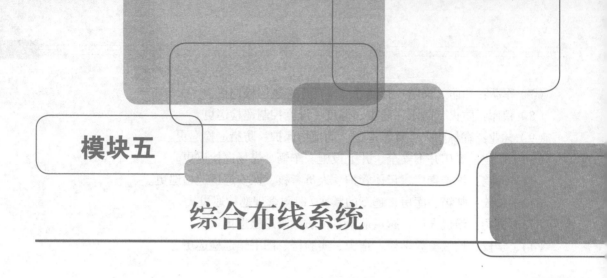

模块五

综合布线系统

知识目标

1. 了解智能建筑的定义与功能，熟悉综合布线系统的基本概念。

2. 熟悉综合布线工程中常用的标准《综合布线系统工程设计规范》（GB 50311—2016）和《综合布线系统工程验收规范》（GB/T 50312—2016）等。

3. 掌握综合布线工程中常用器材和工具的使用方法。

4. 掌握工作区子系统、水平子系统、垂直子系统、设备间子系统、管理间子系统、建筑群和进线间子系统的施工设计和安装技术。

5. 掌握综合布线工程测试中双绞线链路测试、光纤链路测试和系统验收的相关知识。

技能目标

1. 掌握综合布线工程中常用器材和工具的使用方法。

2. 掌握工作区子系统、水平子系统、垂直子系统、设备间子系统、管理间子系统、建筑群和进线间子系统的施工设计和安装技术。

3. 掌握综合布线工程测试中双绞线链路测试、光纤链路测试和系统验收的相关知识。

素养目标

1. 培养吃苦耐劳、诚信守法、认真负责的职业操守。

2. 促进在团队协作、沟通交流方面的素质养成。

3. 增强创新能力和职业可持续发展的能力。

综合布线系统是建筑物中的"信息高速公路"，是建筑智能化系统发挥正常功能的"神经网络"，是建筑物基础设施之一。

综合布线系统克服了传统布线系统互不关联，施工管理复杂，缺乏统一标准及适应环境灵活性差等缺点，能够满足高效、可靠、灵活的要求。

单元一　综合布线系统概述

一、综合布线系统的发展现状

楼宇的布线系统是住宅、办公大楼及商场等建筑群建设中的重要内容。传统的楼宇布线主要为建筑群提供水、电、气、暖等基本传输通路。随着楼宇智能化的逐步普及，楼宇的布线系统除实现以上"四通"功能外，更重要的是能够对其进行智能管理。另外，随着信息化社会的发展，语音、数据、图像等信息的传输网络也成为楼宇建设必不可少的内容。毫不夸张地说，现在的楼宇综合布线就是一个综合智能化系统网络的实现过程，是现代化社会的一个发展趋势。综合布线系统是一种新型的建筑布线系统，是对传统布线方式的深刻变革，是楼宇建设实现智能化的关键。

早在 20 世纪 50 年代，一些发达国家就开始将大型建筑物中的各种电气和机械设备用电缆线连接，并通过由各种仪表、指示灯和操作按钮构成的集中控制系统对电气和机械设备进行手动或自动控制。但随着楼宇智能化系统功能的不断增加，需要链接的电子设备不断增多，采用传统的布线方式需要的线路过多过长，从而大大限制了控制点的数目，不能满足楼宇智能化的需求。随着微电子技术深入发展，到了 20 世纪 60 年代后期，楼宇布线系统开始进入数字自动化的时代，智能化楼宇开始普及。

美国和日本走在楼宇智能化的前列。1984 年，美国康涅狄格州哈特福德市建造的城市广场被公认为是世界上第一个智能建筑楼宇。楼宇智能在其他欧洲发达国家和新加坡、中国香港等地逐渐发展，但仍以美国和日本居首。美国与日本新建的建筑大多为智能建筑。

随着楼宇智能化发展进程，建筑的布线系统越来越复杂，为了保证综合布线系统能够正常运行，需要系统能够方便维护检测。因此，布线的系统管理非常重要。国外开发的布线管理系统数量不少，比较著名的有惠普公司的 Open View 系统、通用机器公司的 Net View 系统、思科公司的 Cisco Works 系统、Sun 的 Sun Net Manager 系统。这些著名的布线管理系统开发较早，技术力量比较雄厚，但长期的垄断性造成购置价格高，且复杂性和单位网络的规模不一定能相适应，同时我国行业管理的限制，如政府、军队等机密部门不能采用。因此，大多数机密要害的部门宁可采用原始的手工记录的方式维护局域网络。

我国综合布线的发展现状可以从两方面来划分，即按时间段来划分和按标准来划分。按时间来划分，可以从以下三个阶段来阐述：

第一个阶段是 1986—1995 年，结构化综合布线的理念和产品由 AT & T 公司引入我国，其布线系统的产品在我国发展并应用了一个 5 类 UTP 电缆和光纤布线的标准。当时的 AT & T 占据高收益率的中国市场的份额的 80% ～ 90%，从综合布线的标准也可见一般，从中也可以看到综合布线的应用情况。

第二阶段是 1997—2000 年，不仅朗讯公司引入了超五类非屏蔽双绞线和光纤布线产品，而且欧洲的阿尔卡特、科龙等公司也进入了中国市场，非屏蔽铜缆产品与屏蔽铜缆产品之争已经出现。为了满足北美和亚太市场以及欧洲市场的需求，主要由 UTP、FTP 铜缆双绞线和光纤构成布线系统。

第三阶段是 2000 年至今，许多国家和供应商对我国市场持乐观态度，如韩国等厂商也已进入中国市场。与此同时，中国的国内生产商，连接器和电缆制造商也已推出了自己的产品，国内综合布线的厂商已经达到 100 多家。

综合布线系统被引进我国后，由于国民生产类型、定义综合布线系统的差异性，我国信息产业部在 1997 年 9 月发布《大楼通信综合布线系统 第 1 部分：总规范》（YD/T 926.1—1997）的通信行业标准，综合布线系统的定义是："通信电缆、光缆、各种软件电缆及有关连接硬件构成的通用布线系统，它可以支持各种应用程序，即使该用户还没有确定该系统的具体应用，而且对于布线系统的设计和安装也同样适用。"

2000 年 7 月，技术监督局和原建设部、国家统计局发布了国家标准，由上海现代设计集团提出的《智能建筑设计标准》（GB/T 50314—2000）是由北京市建筑设计研究院，中国电子工程设计院和建设部建筑智能化系统工程专家委员会作为副主编制定的。基本上总结了在建设智能楼宇以往的经验。以上可以看出，综合布线在国内发展的现状，已经不是讨论要不要综合布线，而是应该如何构建综合布线工程。技术的发展改变了人们的工作和生活方式，当前人们的工作与生活已与计算机网络息息相关。随着社会、经济、科学、技术、文化、交通和通信的发展，楼宇自动化正成为日益增长的物质文化需求。经过多年的发展，智能化建筑的诸项需求业已深入人心，新的公共建筑，对建筑设备自动化、通信系统、计算机网络、安防系统、消防系统等的需求等已成为新型建筑的基本要求。

由于当今的通信设备受到交换系统的限制，电话网络、计算机网络、电路交换数据网、分组交换数据网络等各种通信网络需要独立组网，因此使用相同的布线系统的传输介质，相同终端插座高优质的硬件设施，这些设施将在每个系统通过网络布线综合到一个大型网络中，这样在使用有线线路网络、终端插座、配线架时，可以很容易建立各种弱电传输网络系统。当用户终端设备标识，配上相应的适配器直接进入终端信息插座就可以完成创建自己的网络。现有的终端设备再加上适当的适配器，然后在一个简单的跳线变化迅速建立一个新的传输网络，完成建设主配线架或中间配线架用户终端设备的增加，改变或重定位。

二、综合布线系统的定义

综合布线系统是伴随着智能化楼宇而崛起的，作为智能楼宇中枢神经，综合布线系统是近 20 年来发展起来的多学科交叉型的新型研究领域。随着计算机技术、通信技术、控制技术与建筑技术的发展，综合布线系统在理论和技术方面也不断得到提高。

目前，由于理论、技术、厂商、产品甚至国别等多方面的不同，综合布线系统在命名、定义、组成等多方面都有所不同。《智能建筑设计标准》

视频：综合
布线的概念

（GB 50314—2015）中把综合布线系统定义为：综合布线系统是建筑物或建筑群内部之间的传输网络。它能使建筑物或建筑群内部的语音、数据通信设备、信息交换设备、建筑物业管理及建筑物自动化管理设备等系统之间彼此相联，也能使建筑物内通信网络设备与建筑物外部的通信网络相联。

三、综合布线系统的特点

与传统布线系统相比较，综合布线系统有着许多优越性，是传统布线所无法相比的。其特点主要表现在它具有兼容性、开放性、灵活性、模块化、扩展性和经济性。而且在设计、施工和维护方面也给人们带来了许多方便。综合布线系统与传统布线系统的性能价格比，如图5-1所示。

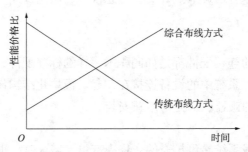

图5-1　综合布线系统与传统布线系统性能价格比

综合布线系统采用先进的计算机技术、通信技术及控制技术，并通过各种规范及标准，使其具有以下特点。

1. 兼容性

综合布线系统的首要特点是它的兼容性。它自身完全独立，与相关的应用系统关联性不强，能支持多种数据通信、多媒体技术及信息管理系统等，能够适应现代未来技术的发展。

过去，为建筑物布线时，往往采用不同厂家生产的不同材质的耗材。例如，交换机采用双绞线，计算机网络系统采用粗铜轴电缆或细铜轴电缆。这些不同的设备使用不同配线材料，而连接这些不同配线的插头、插座也各不相同，彼此不兼容，造成一旦需要改变终端设备或设备位置时，就必须铺设新的缆线，以及安装新的插座和插头。

综合布线系统则可将语音、数据与监控设备等信号经过统一的规划和设计，采用相同的传输媒体、信息插座、互连设备、适配器等，将这些互不相同的信息在同一套布线系统里进行传输。显而易见，这种统一布线的模式比传统布线有了极大的进化，时间、空间、物资等一系列资源都不再浪费。

在工作过程中，使用者只需更换不同信息插座上连接的终端设备，然后在包括设备间在内的各个网络节点上更换相应的跳线，新的终端设备就会接入到新的信息系统。

2. 开放性

开放性是指它能够支持任何厂家生产的任何网络产品，支持任何网络结构，如总线形、星形、环形等。在传统的布线方式下，已经安装完成的信息传输线路和设备是无法调整的，如果需要使用新的信息传输系统，就必须重新布线及安装设备。对于已经装修并投入使用的建筑来说，那就意味着更高的代价。

综合布线系统采用开放式体系结构，容纳各种正在实行的统一标准，只要是按照标准生产出来的产品都能顺利地接入综合布线系统当中；并对相应的通信协议也是支持的，如ISO/IEC 8802-3、ISO/IEC 8802-5 等。

3. 灵活性

灵活性是指任何的信号点都能够连接不同类型的设备，如计算机、打印机、终端、服务器、显示器等。传统的布线方式是不可能做到这一点的，它的体系结构从施工完成的那天起就是不可改变的。

综合布线系统采用标准化、模块化设计，所有的信息通道都是可以相互转化的。在现有网络中，各个通道可支持独立系统信息传输的需要，在模块更改和设备跳转时无须开通新的传输通道，只需在原有通道节点处更换信息模块，用跳线完成跳转。此外，组网的选择也变得多样化。

4. 模块化

整个系统当中所有的连接配件都是如同积木一样的标准配件，使用者无须掌握相关领域的专业知识，就可以将系统中的设备连接在一起。模块化结构设计使得用最小的附加布线与变化就可实现系统的搬迁、扩充与重新安装。

5. 扩展性

实施后的结构化布线系统是可扩充的，将来有更大需求时，很容易将设备安装接入。

由于系统的所有基础设施（材料、部件、通信设备）都采用国际标准，因此，无论计算机设备、通信设备、智能控制设备如何随技术发展，将来都可能很方便地将其连接到楼宇自动化系统中去。那么无论是现在还是将来，它都能对建筑物内的环境提供完全的兼容支持。

6. 经济性

经济性是指一次性投资，长期受益，维护费用低，使整体投资达到最少。综合布线系统比传统布线更具经济性，主要是综合布线系统可适应相当长时间的用户需求，而传统布线改造则很费时间，耽误工作，造成的损失更是无法用金钱计算。

由于具有以上特点，所以与传统布线系统相比，综合布线系统具有以下优点。

1. 结构清晰，便于管理维护

传统的布线方法，面对不同的信息传输系统进行单一设计，并分别施工，各个信息传输系统均独立运行。在一个拥有较多信息传输系统的建筑物内，线路必然复杂得超出想象，所有系统的运营与维护必将成为难题，新增系统成本高，功能不完善，无法完全适应社会和科技的发展。综合布线系统就是针对这些已经出现的问题而提供的解决方案，标准化、结构化、模块化的设计和施工，做到了结构清晰，便于集中管理和维护。

2. 便于扩展，便于管理维护

综合布线系统采用星形模式的拓扑结构和链路、节点、核心冗余的设计方式，极大地提高了设备的性能，又可以在需要时随时扩充设备。虽然传统的布线的耗材比综合布线的耗材单价更低，但综合布线可把各个信息传输系统的设计、施工统一完成，这样就大大节省了工时、工费。

3. 灵活性强，适应各种需求

由于统一规划、设计、施工，使综合布线系统能有更多的选择，过程也比较简便。例如，101 配线架可同时完成语音系统与计算机网络系统的接入。

四、综合布线系统网络协议

综合布线系统网络协议的选取与系统性能关联较大，下面介绍目前主要的网络协议。

1. SNMP 协议

简单网络管理协议（SNMP）首先是由 Internet 工程任务组织（IETE Internet Engineering Task Force）的研究小组为了解决 Internet 上的路由器管理问题而提出的，是为了管理采用 TCP/IP 协议的网络而提出的一种网络管理协议。

2. CMOT 协议

公共管理信息服务与协议（CMIP/CMIS Over TCP/IP，CMOT）是在 TCP/IP 协议簇上实现 CMIS 服务。CMOT 致命缺点在于它是一个过渡性的方案，过渡性的方案是没有发展前途的。实际情况是虽然 CMOT 协议很早就有，但是这个协议很久没有进行更新了。

3. CMIS/CMIP 协议

ISO 制定的网络管理协议标准分为公共管理信息服务（CMIS）和公共管理信息协议（CMIP），ITU-T 相应的标准分别为 X.710 建议和 X.711 建议。CMIP 协议 20 世纪 80 年代被寄予厚望，因为捐助者名单中不但有国家还有很多企业。其缺点是浪费很多网络带宽和资源，因此知名度小，使用的也不多。

4. LMMP 协议

局域网个人管理协议（LAN Man Management Protocol，LMMP）试图为 LAN 环境提供一个网络管理方案。由于该协议直接在 IEEE 802 逻辑链路层（LLC）上，它能够不需要使用各种网络层协议来传输网络数据。因为不需要使用网络层，LMMP 比 CMIS/CMIP 或 CMOT 都容易实现，但是没有网络层提供路由信息，LMMP 信息不能通过路由器，因此它只能在局域网中发展。

通过以上四种常用网络协议特长与不足的权衡考虑，智能布线系统设计选取 SNMP 为协议基础，原因如下：

（1）SNMP 是世界范围内通用的协议标准，各个制造的设备都内嵌协议，开发的系统不会冲突；

（2）SNMPv3 在安全性和功能上比 v1 版本、v2 版本改进很多，SNMPv3 还能像搭积木一样对软件进行扩容，日后系统不管是升级还是更新都十分方便快捷；

（3）SNMP 协议诞生以来以"简单"为原则，完善的功能也能够满足现在的网管要求。

单元二　综合布线系统的组成

一、综合布线系统的结构与组成

根据《综合布线系统工程设计规范》（GB 50311—2016），综合布线系统工程由以下 7 部分组成，其基本构成如图 5-2、图 5-3 所示。

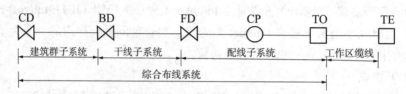

图 5-2　综合布线系统的基本构成

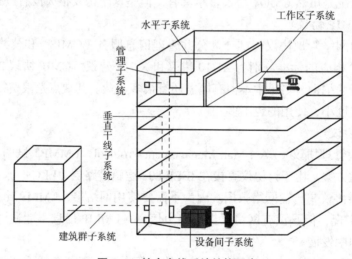

图 5-3　综合布线系统结构示意

1. 工作区子系统

工作区子系统由终端设备连接到信息插座的连线（或软线）组成，它包括装配软线、适配器和连接所需的扩展软线，并在终端设备和 I/O 之间搭桥。在进行终端设备和 I/O 连接时，可能需要某种传输电子装置，但是这种装置并不是工作区子系统的一部分。例如，有限距离调制解调器能为终端与其他设备之间的兼容性和传输距离的延长提供所需的转换信号。有限距离调制解调器不需要内部的保护线路，但一般的调制解调器都有内部的保护线路。

工作区布线是用接插软线把终端设备连接到工作区的信息插座上。工作区布线随着系统终端应用设备不同而改变，因此它是非永久的。工作区子系统的终端设备可以是电话、微机和数据终端，也可以是仪器仪表、传感器和探测器。图 5-4 所示为工作区子系统的信息插座配置，图 5-5 所示为工作区子系统组成示意图。

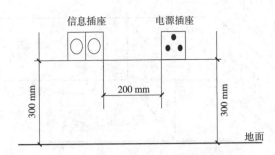

图 5-4　工作区子系统的信息插座配置

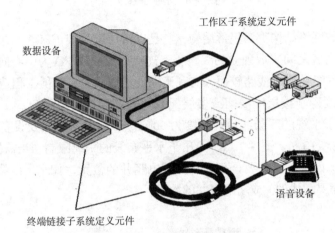

图 5-5　工作区子系统组成示意

2. 水平子系统

水平子系统由工作区的信息插座模块、信息插座模块至电信间配线设备（FD）的配线电缆和光缆、电信间的配线设备及设备缆线和跳线等组成。

从楼层配线架到各信息插座的布线属于水平子系统。水平子系统是整个布线系统的一部分，它将干线子系统线路延伸到用户工作区。水平子系统总是处在一个楼层上，并端接在信息插座或区域布线的中转点上。SYSTIMAX SCS 将上述的电缆数限制为 4 对或 25 对UTP（非屏蔽双绞线），它们能支持大多数现代通信设备。在需要某些宽带应用时，可以采用光缆。水平布线子系统一端接于信息插座上，另一端接在干线接线间、卫星接线间或设备机房的管理配线架上。

水平子系统包括水平电缆、水平光缆及其在楼层配线架上的机械终端、接插软线和跳接线。水平电缆或水平光缆一般直接连接至信息插座。必要时，楼层配线架和每一个信息插座之间允许有一个转接点。进入和接出转接点的电缆线对或光纤应按 1∶1 连接，以保持对应关系。转接点处的所有电缆或光缆应作机械终端。转接点处只包括无源连接硬件，应用设备不应在这里连接。转接点处宜为永久连接，不应作配线用。

图 5-6 所示为水平子系统，它由工作区用的信息插座及其至楼层配线架（FD）以及它们之间的缆线组成。水平子系统设计范围遍及整个智能化建筑的每一个楼层，且与房屋建筑和管槽系统有密切关系。

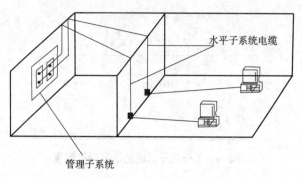

图 5-6　水平子系统

水平子系统的网络结构都为星形结构，它是以楼层配线架（FD）为主节点，各个信息插座为分节点，两者之间采取独立的线路相互连接，形成以 FD 为中心向外辐射的星形线路网状态。这种网络结构的线路较短，有利于保证传输质量，降低工程造价和维护管理。

布线线缆长度等于楼层配线间或楼层配线间内互连设备电端口到工作区信息插座的线缆长度。水平子系统的双绞线最大长度为 90 m。工作区、跳线及设备电缆总和不超过 10 m，即 A+B+E≤10 m。图 5-7（a）给出了水平布线的距离限制。当需要有转换接点时，布线距离如图 5-7（b）所示。要合理安排好弱电竖井的位置，如水平线缆长度超过 90 m，则要增加 IDF（楼层配线架）或弱电竖井的数量。

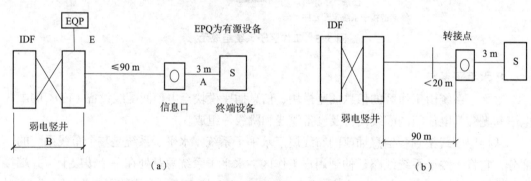

图 5-7　水平子系统布线距离限制

3. 干线子系统

干线子系统应由设备间至电信间的干线电缆和光缆，安装在设备间的建筑物配线设备（BD）及设备缆线和跳线组成。

4. 建筑群子系统

建筑群子系统应由连接多个建筑物之间的主干电缆和光缆、建筑群配线设备（CD）及设备缆线和跳线组成。

（1）建筑群子系统布线内容。

①根据小区建筑详细规划图了解整个小区的大小、边界、建筑物数量。

②确定电缆系统的一般参数。

③确定建筑物的电缆入口。

④查清障碍物的位置，以确定电缆路由。

⑤根据前面资料，选择所需电缆类型、规格、长度、敷设方式，穿管敷设时的管材、规格、长度；画出最终的施工图。

⑥进行每种选择方案成本核算。

⑦选择最经济、最实用的设计方案。

（2）电缆布线方法。电缆布线方法有架空、直埋和管道布线，如图5-8所示。

电缆架空安装方法通常只用于现有的电线杆，电缆的走法不是主要考虑内容的场合下，从电线杆至建筑物的架空进线距离不超过30 m为宜。建筑物的电缆入口可以是穿墙的电缆孔或管道，入口管道的最小口径为50 mm。建议另设一根同样口径的备用管道，如果架空线的净空有问题，可以使用天线杆型的入口。该天线的支架一般不应高于屋顶1 200 mm。如果再高，就应使用拉绳固定。另外，天线型入口杆高出屋顶的净空间应有2 400 mm，该高度正好使工人可摸到电缆。

通信电缆与电力电缆之间的距离必须符合我国室外架空线缆的有关标准。

架空电缆通常穿入建筑物外墙上的U形钢保护套，然后向下（或向上）延伸，从电缆孔进入建筑物内部，如图5-8（a）所示，电缆入口的孔径一般为50 mm，建筑物到最近处的电线杆通常相距应小于30 m。

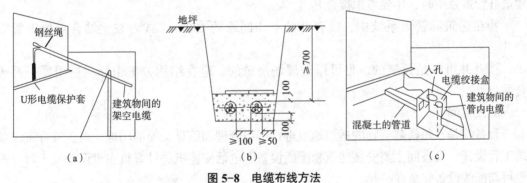

图5-8 电缆布线方法

（a）架空电缆布线；（b）直埋电缆布线；（c）管道电缆布线

在挖掘电缆沟槽和接头坑位时，应符合以下要求。

①挖掘电缆沟槽和接头坑位，一般采取人工挖掘方式。电缆沟槽的中心线应与设计路由的中心线一致，允许有左右偏差，但不得大于10 cm。电缆沟槽的深度应符合设计规定的电缆埋设深度要求，沟槽底面的高程偏差不应大于 ±5/10 cm。弯曲的电缆沟槽无论是平面弯曲或纵面弯曲，都要符合直埋电缆最小曲率半径的规定和埋设深度的要求。电缆沟槽底面应加工平整，沟底必须清理干净，无碎乱石或带有尖角的杂物，以保证直埋电缆在敷设后不受机械损伤。

②在敷设直埋电缆前，应对沟槽底部再次检查和清理，务必使沟槽底部平整，无杂物和碎石。如系砂砾碎石地基层或有一般的腐蚀性土壤时，应先将沟底部加挖深度约10 cm，并加以夯实抄平，然后在沟底铺垫一层10 cm细土或细砂后，再在上面覆土10 cm（覆土中不得含有大量碎石块或有尖角的杂物），予以大致抄平后，再盖红砖或预制的混凝

土板保持平整，以保护直埋电缆不会受到外界机械损伤。

③直埋电缆在沟槽或接头坑的底部时，应平直安放于沟坑底基上，不得上下弯曲，也不宜过于拉紧，在敷设电缆时，要随时注意保护电缆，不应发生折裂、碰伤、刮痕和磨破现象。如发现有上述情况时，必须及时检修，并经检验测试确认电缆质量良好时，才允许进行下一道工序。同时，应将上述情况详细记录，以备今后查验。

④直埋电缆在弯曲路由或需要作电缆预留盘放时，电缆应采取"S"形或"弓"形的布放（包括在电缆接头坑内的盘留长度）方式。这时要求电缆的最小曲率半径不应小于电缆直径的 15 倍。

⑤直埋电缆敷设完毕后，应立即进行对地绝缘等电气特性的测试。复核检验电缆施工后的电气特性有无显著变化，如果发现有问题，应及时查找电缆出现障碍的原因，并及早进行处理。否则不得实施覆盖红砖或混凝土板以及回填土等施工工序。

⑥直埋电缆的电缆芯线接续和电缆接头套管的封合方法，均与一般的管道电缆相同，可参见管道电缆部分所述的内容。直埋电缆外面沿有钢带铠装保护层，为了保证钢带铠装的电气连接，应将电缆接头两端钢带在电缆接头处互相依次环绕包好，在电缆接头外面采用钢筋混凝土线槽或其他管材等保护，具体细节可见有关标准或其他资料。

⑦管道系统的设计方法就是把直埋电缆设计原则与管道设计步骤结合在一起。当考虑建筑群管道系统时，还要考虑接合井。

⑧在建筑群管道系统中，接合井的平均间距约 180 m，或者在主结合点处设置接合井。

接合井可以是预制的，也可以是现场浇筑的。应在结构方案中标明使用哪一种接合井。

5. 设备间

设备间是在每幢建筑物的适当地点进行网络管理和信息交换的场地。对于综合布线系统工程设计，设备间主要安装建筑物配线设备。电话交换机、计算机主机设备及入口设施也可与配线设备安装在一起。

6. 进线间

进线间是建筑物外部通信和信息管线的入口部位，并可作为入口设施和建筑群配线设备的安装场地。

7. 管理子系统

管理子系统应对工作区、电信间、设备间、进线间的配线设备、缆线、信息插座模块等设施按一定的模式进行标识和记录。

管理子系统的作用是提供与其他子系统连接的手段，使整个综合布线系统及其所连接的设备、器件等构成一个完整的有机体。通过对管理子系统交接的调整，可以安排或重新安装系统线路的路由，使传输线路能延伸到建筑物内部的各工作区。管理子系统由交连、互连及 I/O 组成。

（1）管理交接方案。一般有两种管理方案可供选择，即单点管理和双点管理。常用的管理方案如图 5-9 所示。

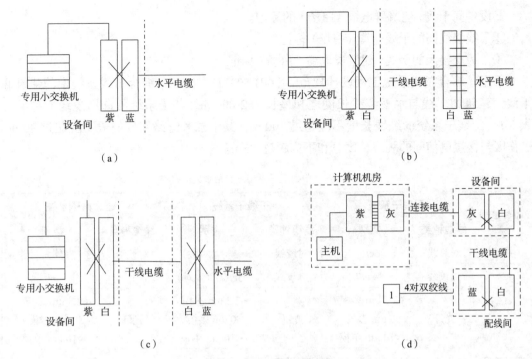

图 5-9 管理交接方案

（a）单点管理—单交连；（b）单点管理—双交连；

（c）双点管理—双交连；（d）双点管理—三交连

单点管理位于设备间里面的交换机附近，通过线路直接连至用户间或连至服务接线间里面的第二个硬件接线交连区。如果没有服务间，第二个交连可安放在用户房间的墙壁上。

目前在国内实际工程中，考虑到行业管理、技术复杂性、成本等因素，目前使用综合布线系统只是传输数据和语音信号，电视信号和监控信号另分别单独布线。

（2）综合布线交连系统标记。综合布线交连系统标记是管理子系统的一个重要组成部分，标记系统能提供如下信息：建筑物名称（如果是建筑群）、位置、区号和起始点。

综合布线系统使用了电缆标记、场标记和插入标记 3 种标记。其中，插入标记最常用。插入标记所用的底色及其含义如下。

①蓝色：对工作区的信息插座（I/O）实现连接。

②白色：实现干线和建筑群电缆的连接。端接于白场的电缆布置在设备间与楼层配线间及二级交接间之间或建筑群各建筑物之间。

③灰色：配线间与二级交接间之间的连接电缆或二级交接之间的连接电缆。

④绿色：来自电信局的输入中继线。

⑤紫色：来自 PBX 或数据交换机之类的公用系统设备的连线。

⑥黄色：来自控制台或调制解调器之类的辅助设备的连线。

标记方法如下：

①端口场（公用系统设备）的标记。

②设备间干线 / 建筑群电缆（白场）的标记。

③干线接线间的干线电缆（白场）标记。

④二级交接间的干线 / 建筑群电缆（白场）标记。

根据《综合布线系统工程设计规范》（GB 50311—2016），综合布线系统中的建筑群干线、建筑物干线与水平缆线长度之和最长为 2 000 m，各子系统可选用缆线的种类见表 5-1。配线子系统的缆线长度不应超过 100 m，其中永久链路部分一般不应超过 90 m，工作区与楼层电信间的跳线长度总和不应超过 10 m。

表 5-1　综合布线各子系统可选用缆线的种类

业务类型	配线子系统		干线子系统		建筑群子系统	
	线缆种类	类别	线缆种类	类别	线缆种类	类别
语音	对绞线	5e/6	对绞线	3（大对数）	对绞线	3（室外大对数）
数据	对绞线	5e/6/7	对绞线	5e/6/7（4 对）	—	—
	光纤	62.5 μm 多模 / 50 μm 多模 / <10 μm 单模	光纤	62.5 μm 多模 / 50 μm 多模 / <10 μm 单模	光纤	62.5 μm 多模 / 50 μm 多模 / <10 μm 单模
其他应用	叫采用 5e/6 类 4 对对绞电缆或 62.5 μm 多模 /50 μm 多模 / <10 μm 单模光纤					

二、综合布线系统的传输媒体

传输媒体是收发双方之间进行通信的物理信号通路。用于局域网的传输媒体通常有对绞线、光纤、同轴电缆及无线方式，如图 5-10 所示。

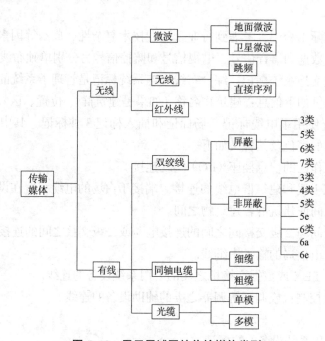

图 5-10　用于局域网的传输媒体类型

传输媒体可分为室内型与室外型。因室内外布线环境的差别，造成线缆外包装的不同。此外，室外线缆通常是实现建筑物之间的连接，所以一般是网络主干。

1. 对绞线

对绞线（又称双绞线）是现阶段局域网使用最多的一种传输媒体。

（1）物理描述。对绞线是由有规则的、螺旋状排列的两根绝缘导线组成的。这种导线是铜线、镀铜的钢线或铝合金线。铜提供良好的导电性，钢可以用来增加强度，铝资源丰富且性能价格比高。一对线对起单条通信链路的作用。一般，将这些线对捆在一起，封在一个坚硬的护套内，构成一条对绞线电缆。电缆可以包含数百对线对。单个线对绞在一起是为了减少线对之间的电磁干扰。

（2）传输特性。线对可用来传输模拟信号和数字信号。对模拟信号，每 5 ~ 6 km 要有一个放大器，对低频数字信号，每 2 ~ 3 km 需用一个转发器。线对最普通的用途是声音的模拟传输。使用调制解调器可以在模拟话音信道上传输数字数据。

在对绞线上传输数据信号，目前在局域网中的数据传输率可达 10 Gbit/s。

（3）连接性和成本。对绞线可用于点到点和广播式网络中。对绞线比同轴电缆、光纤价格更低。

（4）地域范围。对绞线能容易地实现点到点的数据传输。用于局域网地对绞线一般处在一个建筑物内。

（5）抗扰性。与其他传输媒体相比，对绞线在距离、带宽和数据速度方面受到限制。这种媒体容易与电磁场耦合，故对干扰和噪声十分敏感。电缆中相邻线对上的信号也可能彼此干扰，即产生所谓的串音现象。

（6）对绞线的类型。对绞电缆根据屏蔽性的强弱，分为非屏蔽对绞电缆（Unshielded Twisted Pair，UTP）与屏蔽对绞电缆（Shielded Twisted Pair，STP），如图 5-11 所示。UTP 具有质量轻、体积小、弹性好、安装使用方便及价格适宜等特点，但抗外界电磁干扰的性

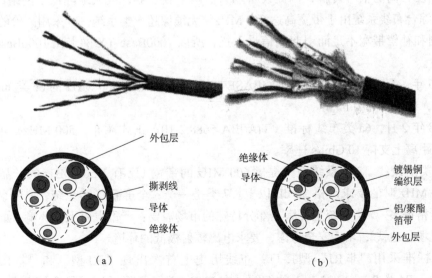

图 5-11 非屏蔽对绞电缆与屏蔽对绞电缆
（a）非屏蔽对绞电缆；（b）屏蔽对绞电缆

能较差，并且容易向外辐射导致泄密。STP 由于在电缆中增加了金属屏蔽层（一般采用铝箔或铜编织网），具有防止外来电磁干扰和向外辐射的特性，但其质量较重、体积较大、不易安装施工且价格较高。

根据频带宽度，对绞线可分为以下类型：

①3类对绞线。3 类对绞线的信号最高传输频率为 16 MHz，可用于语音传输及 10 Mbit/s 的数据传输，可支持 10 Mbit/s 以太网的运行。

②4类对绞线。4 类对绞线的信号最高传输频率为 20 MHz，可用于语音传输及 16 Mbit/s 的数据传输，可支持 16 Mbit/s 令牌环网的运行。

③5类对绞线。5 类对绞线的信号最高传输频率为 100 MHz，计划用于 1 000 Mbit/s 的数据传输，支持 100 Mbit/s 的快速以太网、155 Mbit/s 的 ATM 局域网的运行，但多数 5 类产品不能很好地支持千兆以太网。

④超 5 类对绞线。超 5 类对绞线的信号最高传输频率仍为 100 MHz，但改进了许多技术参数，可用于 1 000 Mbit/s 的数据传输，能很好地支持千兆以太网的运行。

⑤6类对绞线。2002 年 6 月，在美国通信工业协会（TIA）TR-42 委员会的会议上，正式通过了 6 类布线标准。

6 类系统与 5 类和超 5 类有很多不同之处。区别主要在：首先，6 类系统的组件可以与不同厂商的组件共同使用并完全向后兼容，这使许多安装商可以根据用户的要求，采购不同厂商的组件来进行系统的升级和安装，同时也可以在现有 5 类或超 5 类的系统上安装，以使现有系统的性能得到较大的提升。其次，所有 6 类系统的传输参数、永久链路和组件的工作频率都工作在 250 MHz 的频率上，而 5 类系统只能在 100 MHz 的频率上工作。同时，6 类综合布线系统在服务质量、误码率、时延等方面的表现更为优异。

2001 年 6 月颁布的 TIA/EIA-854 是基于 6 类综合布线系统的千兆以太网标准，即 1000Base-TX。1000Base-TX 设计成用两个线对完成一个方向的单向信号传输，另两个线对完成相反方向的信号传输，因此设备端只需两个收发器，极大地降低了网络设备的费用。6 类综合布线系统由于带宽高达 250 MHz，无须像超 5 类系统一样采用高价的 DSP 技术来抑制和补偿带宽不足而引起的信噪干扰，所以 1000Base-TX 网卡比 1000Base-T 的价格低不少。

2006 年，随着 IEEE802.3an 10GBASE-T 标准的发布，500 MHz 的 6e 类布线支持 10 Gbit/s，最长距离为 55 m。

2008 年 2 月，6a 类布线标准（TIA/EIA 5688.2-10）正式颁布，500 MHz，可在最长 100 m 的距离上支持 10 Gbit/s 速率。

⑥7类对绞线。7 类系统至少提供 600 MHz 的带宽（已有 1 500 MHz 的产品），比 6 类在 250 MHz 时的要求严格 20 dB 以上。7 类是一个"全屏蔽"的系统，其安装工艺要比 6 类严格得多。7 类系统主要满足部分特殊的市场需要：严重电磁干扰环境（如广播站、电台、机场、地铁）；出于安全考虑，要求电磁辐射极低的环境。

7 类标准采用"非 RJ"型接口，布线历史上首次出现"RJ 型"和"非 RJ"型接口的划分。RJ 是 Registered Jack 的缩写。在 FCC（美国联邦通信委员会标准和规章）中

RJ 是描述公用电信网络的接口，常用的有 RJ-H 和 RJ-45，计算机网络的 RJ-45 是标准 8 位模块化接口的俗称。在以往的 4 类、5 类、超 5 类、6 类布线中，采用的都是 RJ 型接口。

常用非屏蔽、屏蔽对绞线的带宽与所能支持的数据传输速率汇总见表 5-2。

表 5-2　常用非屏蔽、屏蔽对绞线的带宽与所能支持的数据传输速率汇总

非屏蔽类型	对绞线带宽 /Hz	支持数据传输速率 / (bit · s^{-1})	屏蔽类型	对绞线带宽 /Hz	支持数据传输速率 / (bit · s^{-1})
3 类	16 M	10 M	3 类	16 M	10 M
4 类	20 M	16 M			
5 类	100 M	100 M，155 M	5 类	100 M	100 M，155 M
5e 类	100 M	1 G	5e 类	100 M	1 G
6 类	250 M	1 G	6 类	250 M	1 G
6e 类	500 M	10 G	7 类	600 M	10 G
6a 类	500 M				

2. 光纤（光缆）

光纤的主要成分为 SiO_2（二氧化硅），各种玻璃和塑料都可以用来制造光纤。

借助光纤作为光信号传输的介质而进行的通信，叫作光纤通信。光纤通信是将需要发送的电信号，通过专门的电 - 光转换设备变为光信号输入到光纤中，然后在接收端又经过光 - 电转换设备把光信号恢复成电信号而由接收设备接收。

（1）物理描述。光学纤维是一种细而软的能够传导光束的媒体，纤芯直径为 2 ～ 125 μm。各种玻璃和塑料可用来制造光学纤维。

为了实际应用，光纤通常做成光缆形式。光缆主要由纤芯、包层和护套三个同心部分组成。纤芯是最内层部分，它由一根或多根非常细的纤维组成。每一根纤维都由各自的包层包裹着，包层是一玻璃或塑料的涂层，它具有与纤芯不同的光学特性。最外层是护套，它包着一根或一束已加包层的纤维。护套是由分层的塑料和其附属材料制成的，用它来防止潮气、擦伤、压伤和其他外界带来的危害。光缆内包芯数可有 1 ～ 144 芯。图 5-12 所示为 2 种光缆的剖面图，每管里面有 4 根光纤，左侧为 8 管光缆（32 芯光缆），右侧为 6 管光缆（24 芯光缆）。

（2）传输特性。光纤利用全内反射（全部折射到内部媒体，即一点也不向周围媒体折射）来传输经信号编码的光束。全内反射可出现在折射率大于周围媒体折射率的任意透明媒体中。

如图 5-13 所示，来自光源的光进入圆柱形玻璃或塑料纤芯，小角度的入射光线被反射并沿光纤传播，其余光线被周围媒体所吸收，这种传播方式叫作多模方式，即光束经多个反射角在光纤中传输。当纤芯半径降低到波长的相同量级时，只有单个角度或单个模式，即只有轴向光束能通过，这种传播方式叫作单模方式。在多模传输时，存在多个传播

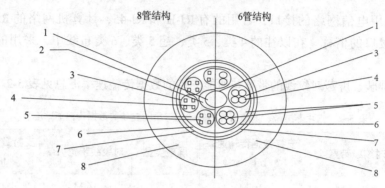

图 5-12　2 种光缆的剖面图

1—金属加强芯；2—聚乙烯垫层；3—光纤松套管或填充；4—光纤；5—油膏；
6—皱纹钢带（0.25 mm）；7—聚酯缆芯包带；8—聚乙烯护套（2.0 mm）

路径，每一路径的长度不同，因此越过光纤的时间也不同。这使信号码元在时间上出现扩散，限制了能准确接收的数据速率。由于单模时只存在单个传输途径，因此不会出现这种失真。因此，相对多模而言，单模方式具有较优越的性能，但成本较高。

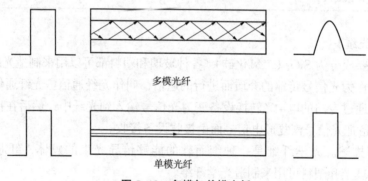

图 5-13　多模与单模光纤

据纤芯与包层的尺寸的不同，常用的单模光缆有 8.3 μm/125 μm（纤芯 / 包层），多模光缆有 50/125 μm 和 62.5 μm/125 μm。单模光缆传输的光信号波长通常为 1 550 nm 或 1 300 nm，多模光缆传输的光信号波长通常为 850 nm 或 1 300 nm。

62.5 μm/125 μm 多模光缆，由于使用价格低的半导体发光二极管（LED）作为光源器件，较高的光耦合效率，光纤对准要求不太严格，对弯曲损耗不太灵敏，便于施工和维护等优点，已成为综合布线系统的首选光缆。

在光纤系统中使用两种不同类型的光源：发光二极管（LED）和注入式激光二极管（ILD）。LED 是在加电流后能发光的固态器件。ILD 是根据被激发的量子电子效应能产生窄带光束的激光原理工作的固态器件。LED 较为便宜，能工作在较宽的温度范围，并具有较长的工作寿命。ILD 则更为有效，并能支持较高的数据速率。

在接收端用来将光信号变换成电信号的检测器是光电二极管。一般用光的有、无表示二极管的工作状态。

（3）光缆的优点以下：

①光缆信息容量大，数据传输率可达几百万到数十亿 b/s。

②光缆信号传输衰减小，通信距离比电缆大得多，传输距离可达 1 000 km 以上。

③光缆耐辐射，各种设备产生的电磁辐射对它不起作用，外界环境对信息传输没有影响，且信息传输过程中也没有向外的电磁辐射，因此可避免外界窃听，既安全可靠，保密性又好。

由于光纤通信具有损耗低、频带宽、数据传输率高、抗电磁干扰强、安全性好等特点，其价格也已接近同轴电缆，所以光纤得到了十分迅速的发展。现已广泛应用于建筑群主干布线和建筑物主干布线，并随着更多宽带应用（如全频道电视等）的发展，光纤会逐渐向桌面/家庭延伸，即向楼层水平布线、工作区布线和住宅布线方向发展，最终实现FTTD（光纤到桌面）和 FTTH（光纤到家）。

3.同轴电缆

同轴电缆的屏蔽性能和频率特性较好，具有抗干扰能力强的特点。

（1）物理描述。同轴电缆由两根导体组成。内导体是实芯的或者是绞形的，外导体是网状的。由于内导体和外导体同轴，故名同轴电缆。

（2）传输特性。50 Ω 同轴电缆专用于基带数字信号传输，这种电缆也称基带同轴电缆。75 Ω 同轴电缆，也称宽带同轴电缆，主要用于宽带 FDM（频分多路复用）模拟信号、高速数字信号以及不采用频分复用（FDM）的模拟信号。

（3）连接性。同轴电缆可应用于点到点和多点配置。50 Ω 基带电缆能够支持每段达100 个设备。将各段通过转发器链接起来则能支持更大的系统。75 Ω 宽带电缆能支持数千个设备。

（4）地域范围。典型基带电缆的最大距离限于数公里，而宽带电缆则可延伸到数十公里的范围。这种差别的原因是：通常在工业区和市区所遇到的电磁噪声和类型是属于频率相对较低的噪声，这一频率范围也是基带电缆中传输的数字信号的大部分能量集中之处。宽带电缆中传输的模拟信号可置于频率足够高的载波上，从而可避免噪声的主要分量。

（5）抗扰性和成本。同轴电缆的抗扰性取决于应用和实现。对较高频率来说，它优于对绞线的抗扰性。安装质量好的同轴电缆的成本介于对绞线和光纤的成本之间。

4.无线传输媒体

无线传输媒体就是空气（大气层）。通常的无线传输技术有：

（1）微波通信。微波通信的载波频率为 2 ～ 40 GHz，可同时传送大量信息。由于微波是沿直线传播的，故在地面的传播距离有限（约 50 km）。

（2）卫星通信。卫星通信是利用地球同步卫星作为中继来转发微波信号的一种特殊微波通信形式。卫星通信可以克服地面微波通信距离的限制，三个同步卫星可以覆盖地球上全部通信区域。

（3）红外通信。红外通信和微波通信一样，有很强的方向性，都是沿直线传播的。但红外通信要把传输的信号转换为红外光信号后，才能直接在空间沿直线传播。

（4）射频通信。射频通信采用无线射频信号通信，无方向性，传输距离受发送设备发送功率及接收设备接收灵敏度的影响，抗干扰性差。

微波和红外线都需要在发送方和接收方之间有一条视线通路，故称为视线通信。

5. 传输媒体的选择

传输媒体的选择取决于以下因素：

（1）网络拓扑的结构。

（2）实际需要的通信容量。

（3）可靠性要求。

（4）能承受的价格范围。

网络传输媒体与网络拓扑结构有着密切的关系。表5-3 表明了每种网络拓扑结构可以使用的传输媒体的种类。

表 5-3 拓扑结构与传输媒体的关系

传输介质	拓扑结构			
	总线状	树状	环状	星状
对绞线	*		*	*
基带同轴电缆	*		*	
宽带同轴电缆	*	*		
光缆		*	*	*
注："＊"号表示可使用该种传输媒体。				

◎◎◎
模块小结

综合布线是建筑内部或建筑群之间具有高度模块化和高度灵活性的信息传输通道。该系统可以将语音、数据、图像设备以及交换设备与其他信息管理系统相互连接，也可以将这些设备与外部设备相互连接。也包括建筑外部网络或电信线路的连接点和所有电缆与应用系统设备之间的相关连接部件。一体化布线系统由不同系列和规格的部件组成，包括传输介质、配线架、连接器、插座、插头、适配器及电器保护装置等相关连接硬件。每个子系统都可以用这些部分来构建，它们都有自己特定的用途。综合布线系统大致可以分为七个部分，分别是工作区子系统、配线子系统、干线子系统、建筑群子系统、设备间、进线间与管理子系统。

复习与思考题

1. 根据《综合布线系统工程设计规范》（GB 50311—2016），综合布线系统由哪些子系统组成？

2. 简述综合布线系统中所采用的各种传输媒体的特点。

3. 分析比较综合布线和传统布线的技术经济特性。

4. 简述综合布线的特点。

5. 简述双绞线的概念。

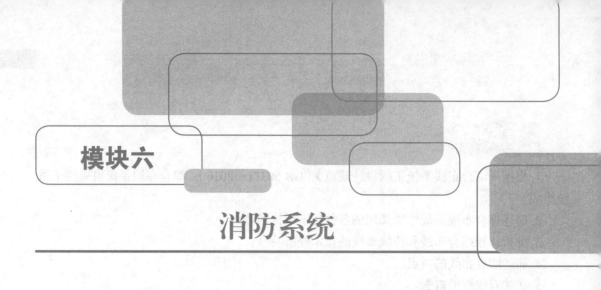

模块六

消防系统

确保工作场所的安全。

5.培养良好的职业道德，形成团队合作精神，提升沟通、分析和解决问题的能力。

单元一　火灾自动报警系统

一、火灾自动报警系统的组成与分类

1.组成

火灾自动报警系统是火灾探测报警与消防联动控制系统的简称，是以实现火灾早期探测和报警、向各类消防设备发出控制信号并接收设备反馈信号，进而实现火灾预防和自动灭火功能的一种自动消防设施。它完成了对火灾的预防与控制功能，对于宾馆、商场、医院等重要建筑及各类高层建筑设置安装火灾自动报警控制系统更是必不可少的消防措施。

视频：火灾
自动报警系统

火灾自动报警系统一般设置在工业与民用建筑场所，与自动灭火系统、疏散诱导系统、防排烟系统以及防火分隔系统等其他消防分类设备一起构成完整的建筑消防系统。火灾自动报警系统由火灾探测报警系统、消防联动控制系统、可燃气体探测报警系统及电气火灾监控系统组成，如图6-1所示。

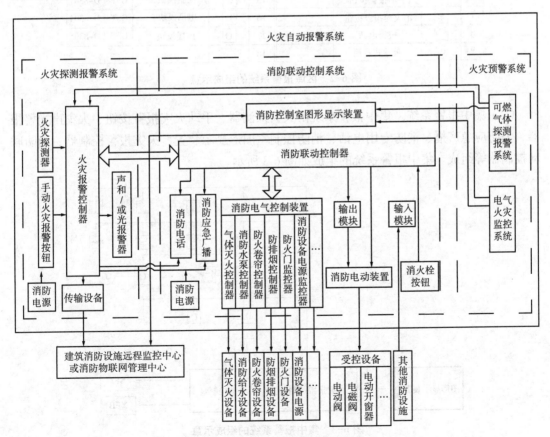

图6-1　火灾自动报警系统的组成

2. 分类

火灾自动报警系统根据保护对象及设立的消防安全目标不同分为以下几类。

（1）区域报警系统。区域报警系统由火灾探测器、手动火灾报警按钮、火灾声光警报器及火灾报警控制器等组成，系统中可包括消防控制室图形显示装置和指示楼层的区域显示器。区域报警系统的组成如图6-2所示。

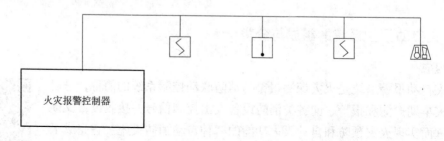

序号	图例	名称	备注	序号	图例	名称	备注
1		感烟火灾探测器		10	FI	火灾显示盘	
2		感温火灾探测器		11	SFJ	送风机	
3		烟温复合探测器		12	XFB	消防泵	
4		火灾声光警报器		13		可燃气体探测器	
5		线型光束探测器		14	M	输入模块	GST-LD-8300
6		手动报警按钮		15	C	控制模块	GST-LD-8301
7		消火栓报警按钮		16	H	电话模块	GST-LD-8304
8		报警电话		17	G	广播模块	GST-LD-8305
9		吸顶式音箱		18			

图6-2　区域报警系统的组成示意

（2）集中报警系统。集中报警系统由火灾探测器、手动火灾报警按钮、火灾声光警报器、消防应急广播、消防专用电话、消防控制室图形显示装置、火灾报警控制器、消防联动控制器等组成。集中报警系统的组成如图6-3所示。

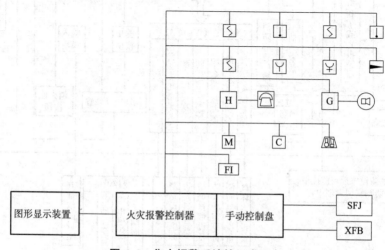

图6-3　集中报警系统的组成示意

（3）控制中心报警系统。控制中心报警系统由火灾探测器、手动火灾报警按钮、火灾声光警报器、消防应急广播、消防专用电话、消防控制室图形显示装置、火灾报警控制器、消防联动控制器等组成，且包含两个及两个以上集中报警系统。控制中心报警系统的组成如图 6-4 所示。

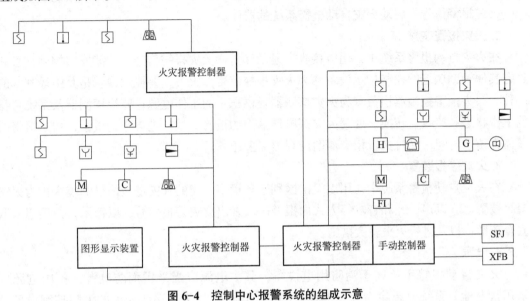

图 6-4　控制中心报警系统的组成示意

二、火灾探测报警系统

火灾探测报警系统由触发器件、火灾报警装置、火灾警报装置和电源等组成，能及时、准确地探测保护对象的初起火灾，并做出报警响应，告知建筑中的人员火灾的发生，从而使建筑中的人员有足够的时间在火灾发展蔓延到危害生命安全的程度时疏散至安全地带，是保障人员生命安全的最基本的建筑消防系统。火灾探测报警系统的构成如图 6-5 所示。

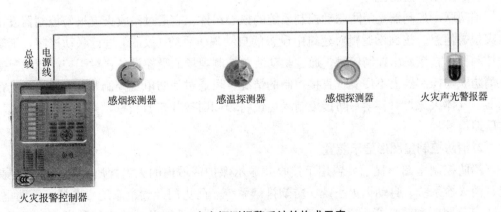

图 6-5　火灾探测报警系统的构成示意

1. 触发器件

在火灾自动报警系统中，自动或手动产生火灾报警信号的器件称为触发器件，主要包括火灾探测器和手动火灾报警按钮。火灾探测器是能对火灾参数（如烟、温度、火焰辐射、气体浓度等）响应，并自动产生火灾报警信号的器件。手动火灾报警按钮是手动方式产生火灾报警信号、启动火灾自动报警系统的器件。

2. 火灾报警装置

在火灾自动报警系统中，用以接收、显示和传递火灾报警信号，并能发出控制信号和具有其他辅助功能的控制指示设备称为火灾报警装置。火灾报警控制器就是其中最基本的一种。火灾报警控制器担负着为火灾探测器提供稳定的工作电源；监视探测器及系统自身的工作状态；接收、转换、处理火灾探测器输出的报警信号；进行声光报警；指示报警的具体部位及时间；同时执行相应辅助控制等诸多任务。

3. 火灾警报装置

在火灾自动报警系统中，用以发出区别于环境声、光的火灾警报信号的装置称为火灾警报装置。它以声、光和音响等方式向报警区域发出火灾警报信号，以警示人们迅速采取安全疏散，以及进行灭火救灾措施。

4. 电源

火灾自动报警系统属于消防用电设备，其主电源应当采用消防电源，备用电源可采用蓄电池。系统电源除为火灾报警控制器供电外，还为与系统相关的消防控制设备等供电。

三、消防联动控制系统

消防联动控制系统是接收火灾报警控制器发出的火灾报警信号，按预设逻辑完成各项消防控制的控制系统（图6-6）。其由消防联动控制器、消防控制室图形显示装置、消防电气控制装置（防火卷帘控制器、气体灭火控制器等）、消防电动装置、消防联动模块、消火栓按钮、消防应急广播设备、消防电话等设备和组件组成。

1. 消防联动控制器

消防联动控制器是消防联动控制系统的核心组件。它通过接收火灾报警控制器发出的火灾报警信息，按预设逻辑对建筑中设置的自动消防系统（设施）进行联动控制。消防联动控制器可直接发出控制信号，通过驱动装置控制现场的受控设备；对于控制逻辑复杂且在消防联动控制器上不便实现直接控制的情况，可通过消防电气控制装置（如防火卷帘控制器、气体灭火控制器等）间接控制受控设备，同时接收来自自动消防系统（设施）动作的反馈信号。

2. 消防控制室图形显示装置

消防控制室图形显示装置用于接收并显示保护区域内的火灾探测报警及联动控制系统、消火栓系统、自动灭火系统、防烟排烟系统、防火门及卷帘系统、电梯、消防电源、消防应急照明和疏散指示系统、消防通信等各类消防系统及系统中的各类消防设备（设施）运行的动态信息和消防管理信息，同时还具有信息传输和记录功能。

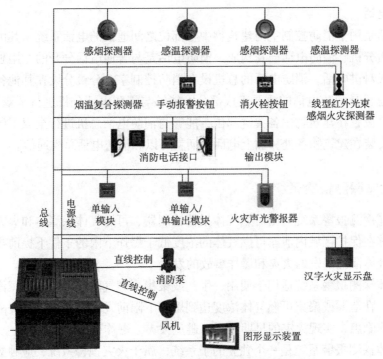

图 6-6 消防联动控制系统示意

3. 消防电气控制装置

消防电气控制装置的功能是用于控制各类消防电气设备，它一般通过手动或自动的工作方式来控制各类消防泵、防烟排烟风机、电动防火门、电动防火窗、防火卷帘、电动阀等各类电动消防设施的控制装置及双电源互换装置，并将相应设备的工作状态反馈给消防联动控制器进行显示。

4. 消防电动装置

消防电动装置的功能是电动消防设施的电气驱动或释放，它是包括电动防火门窗、电动防火阀、电动防烟排烟阀、气体驱动器等电动消防设施的电气驱动或释放装置。

5. 消防联动模块

消防联动模块是用于消防联动控制器和其所连接的受控设备或部件之间信号传输的设备，包括输入模块、输出模块和输入输出模块。输入模块的功能是接收受控设备或部件的信号反馈并将信号输入到消防联动控制器中进行显示。输出模块的功能是接收消防联动控制器的输出信号并发送到受控设备或部件。输入、输出模块则同时具备输入模块和输出模块的功能。

6. 消火栓按钮

消火栓按钮是手动启动消火栓系统的控制按钮。

7. 消防应急广播设备

消防应急广播设备由控制和指示装置、声频功率放大器、传声器、扬声器、广播分配装置、电源装置等部分组成，是在火灾或意外事故发生时通过控制功率放大器和扬声器进行应急广播的设备，它的主要功能是向现场人员通报火灾发生，指挥并引导现场人员疏散。

8. 消防电话

消防电话是用于消防控制室与建筑物中各部位之间通话的电话系统。其由消防电话总机、消防电话分机、消防电话插孔构成。消防电话是与普通电话分开的专用独立系统，一般采用集中式对讲电话，消防电话的总机设在消防控制室，分机分设在其他各个部位。其中消防电话总机是消防电话的重要组成部分，能够与消防电话分机进行全双工语音通信。消防电话分机设置在建筑物中各关键部位，能够与消防电话总机进行全双工语音通信；消防电话插孔安装在建筑物各处，插上电话手柄就可以和消防电话总机通信。

四、可燃气体探测报警系统

可燃气体探测报警系统应由可燃气体报警控制器、可燃气体探测器和火灾声光警报器等组成，能够在保护区域内泄露可燃气体的浓度低于爆炸下限的条件下提前报警，从而预防由于可燃气体泄漏引发的火灾和爆炸事故的发生。

可燃气体探测报警系统适用于使用、生产或聚集可燃气体或可燃液体蒸汽场所可燃气体浓度探测，在泄漏或聚集可燃气体浓度达到爆炸下限前发出报警信号，提醒专业人员排除火灾、爆炸隐患，实现火灾的早期预防，避免火灾、爆炸事故的发生。

可燃气体探测报警系统是一个独立的子系统，属于火灾预警系统，应独立组成，不应接入火灾报警控制器的探测器回路；当可燃气体的报警信号需接入火灾自动报警系统时，应由可燃气体报警控制器接入。

五、电气火灾监控系统

电气火灾监控系统由电气火灾监控器、电气火灾监控探测器组成，能在发生电气故障，产生一定电气火灾隐患的条件下发出报警，提醒专业人员排除电气火灾隐患，实现电气火灾的早期预防，避免电气火灾的发生。电气火灾监控系统是火灾自动报警系统的独立子系统，属于火灾预警系统。电气火灾监控系统的构成如图6-7所示。

六、火灾探测器

火灾探测器是火灾自动报警系统的基本组成部分之一，它至少含有一个能够连续或以一定频率周期监视与火灾有关的适宜的物理和／或化学现象的传感器，并且至少能够向控制和指示设备提供一个合适的信号，是否报火警或操纵自动消防设备可由探测器或控制和指示设备做出判断。火灾探测器可按其探测的火灾特征参数、监视范围、复位功能、拆卸性能等进行分类。

1. 根据探测火灾特征参数分类

火灾探测器根据其探测火灾特征参数的不同，可以分为感烟、感温、感光、气体、复合五种基本类型：

（1）感温火灾探测器：响应异常温度、温升速率和温差变化等参数的探测器。

（2）感烟火灾探测器：响应悬浮在大气中的燃烧和／或热解产生的固体或液体微粒的

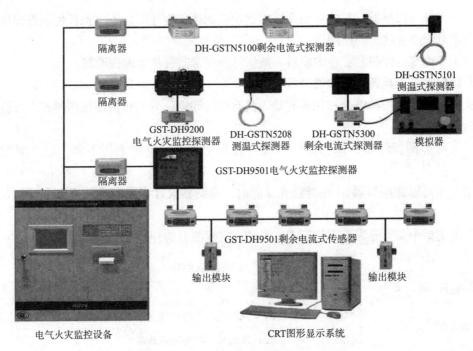

图 6-7 电气火灾监控系统的构成示意

探测器，进一步可分为离子感烟、光电感烟、红外光束、吸气型等。

（3）感光火灾探测器：响应火焰发出的特定波段电磁辐射的探测器，又称火焰探测器，进一步可分为紫外、红外及复合式等类型。

（4）气体火灾探测器：响应燃烧或热解产生的气体的火灾探测器。

（5）复合火灾探测器：将多种探测原理集中于一身的探测器，它进一步又可分为烟温复合、红外紫外复合等火灾探测器。

另外，还有一些特殊类型的火灾探测器，包括使用摄像机、红外热成像器件等视频设备或它们的组合方式获取监控现场视频信息，进行火灾探测的图像型火灾探测器；探测泄漏电流大小的漏电流感应型火灾探测器；探测静电电位高低的静电感应型火灾探测器；还有在一些特殊场合使用的、要求探测极其灵敏、动作极为迅速，通过探测爆炸产生的参数变化（如压力的变化）信号来抑制、消灭爆炸事故发生的微压差型火灾探测器；利用超声原理探测火灾的超声波火灾探测器等。

2. 根据监视范围分类

火灾探测器根据其监视范围的不同，分为点型火灾探测器和线型火灾探测器。

（1）点型火灾探测器：响应一个小型传感器附近的火灾特征参数的探测器。

（2）线型火灾探测器：响应某一连续路线附近的火灾特征参数的探测器。

另外，还有一种多点型火灾探测器：响应多个小型传感器（如热电偶）附近的火灾特征参数的探测器。

3. 根据其是否具有复位（恢复）功能分类

火灾探测器根据其是否具有复位功能，分为可复位探测器和不可复位探测器两种。

（1）可复位探测器：在响应后和在引起响应的条件终止时，不更换任何组件即可从报警状态恢复到监视状态的探测器。

（2）不可复位探测器：在响应后不能恢复到正常监视状态的探测器。

4. 根据其是否具有可拆卸性分类

火灾探测器根据其维修和保养时是否具有可拆卸性，分为可拆卸探测器和不可拆卸探测器两种类型。

（1）可拆卸探测器：探测器设计成容易从正常运行位置上拆下来，以方便维修和保养。

（2）不可拆卸探测器：在维修和保养时，探测器设计成不容易从正常运行位置上拆下来。

每种类型中又可分为不同的形式。各种火灾探测器的种类参见表 6-1。

表 6-1　火灾报警探测器的种类

种类	结构	类型
感烟式探测器	点型①	离子感烟式、光电感烟式、电容感烟式
	线型②	激光感烟式、红外光束感烟式
感温式探测器	定温式	点型：双金属型、易熔合金型、热敏电阻型、玻璃球式 线型：缆式线型定温式、半导体线型定温式
	差温式	点型：空气膜盒式、热敏半导体电阻式 线型：空气管线型差温式、热电偶线型差温式
	差定温式	膜盒式，热敏半导体电阻式
感光式探测器	紫外式火焰探测器	
	红外式火焰探测器	
可燃气体探测器	点型	催化型、半导体型
复合式探测器	点型	烟温复合式、双灵敏度感烟输出式

注：①点型探测器：是探测元件集中在一个特定点上，响应该点周围空间的火灾参量的火灾探测器。民用建筑中几乎均使用点型探测器。

②线型探测器：也称分布式探测器，是一种响应某一连续线路周围的火灾参量的火灾探测器。多用于工业设备及民用建筑中的一些特定场合。

七、火灾探测器选择的一般设计原则

合理选择和使用探测器，是工程设计中极为重要的问题，它对整个系统是否能正常工作，有效地对需要保护的范围进行保护及减少误报等都有极其重要的作用。下面对工程中所关心的有关问题加以说明。

火灾探测器的一般选用原则是充分考虑火灾形成规律与火灾探测器选用的关系，根据火灾探测区域内可能发生的初期火灾的形成和发展特点、房间高度、环境条件和可能引起误报的因素等综合确定。

1. 火灾探测器选型的考虑因素

（1）可能发生火灾的部位和燃烧材料；

（2）可能发生初期火灾的形成和发展特征；

（3）房间高度；

（4）环境条件；

（5）可能引起误报的因素；

（6）对火灾形成特征不可预料的场所，可根据模拟试验的结果选择火灾探测器。

2. 点型火灾探测器的选型原则

（1）点型感温火灾探测器的分类，见表6-2。

表 6-2　点型感温火灾探测器分类

探测器类别	典型应用温度 /℃	最高应用温度 /℃	动作温度下限值 /℃	动作温度上限值 /℃
A1	25	50	54	65
A2	25	50	54	70
B	40	65	69	85
C	55	80	84	100
D	70	95	99	115
E	85	110	114	130
F	100	125	129	145
G	115	140	144	160

（2）不同高度的房间选择点型火灾探测器，见表6-3。

表 6-3　不同高度的房间点型火灾探测器的选择

房间高度 h/m	感烟探测器	感温探测器				火焰探测器
$12 < h \leqslant 20$	不适合	不适合	不适合	不适合		适合
$8 < h \leqslant 12$	适合	不适合	不适合	不适合		适合
$6 < h \leqslant 8$	适合	适合	不适合	不适合		适合
$4 < h \leqslant 6$	适合	适合	适合	不适合		适合
$h \leqslant 4$	适合	适合	适合	适合		适合

3. 点型感温火灾探测器的选型要求

（1）应根据应用场所的典型应用温度和最高应用温度选择相应的探测器。

（2）需要联动熄灭"安全出口"标志灯的安全出口内侧，宜选择点型感温火灾探测器。

4. 线型火灾探测器的选型原则

（1）光纤线型感温火灾探测器的分类。

①分布式光纤线型感温火灾探测器；

②光纤光栅线型感温火灾探测器。

（2）光纤线型感温火灾探测器与缆式线型感温火灾探测器在电缆火灾探测方面适用性的差异。

①缆式线型感温火灾探测器适用于工矿企业电缆隧道、桥架等场所的电气火灾预警探测；

②光纤线型感温火灾探测器适用于市政电缆隧道场所的电气火灾预警探测。

5. 火灾探测器的灵敏度

火灾探测器在火灾条件下响应火灾参数的敏感程度称为火灾探测器的灵敏度。

（1）感烟探测器灵敏度。根据对烟参数的敏感程度，感烟探测器分为Ⅰ、Ⅱ、Ⅲ级灵敏度。在烟雾相同的情况下，高灵敏度意味着可对较低的烟粒子浓度做出响应。一般来讲，Ⅰ级灵敏度用于禁烟场所；Ⅱ级灵敏度用于卧室等少烟场所；Ⅲ级灵敏度用于多烟场所。

（2）感温探测器灵敏度。根据对温度参数的敏感程度，感温探测器分为Ⅰ、Ⅱ、Ⅲ级灵敏度。常用的典型定温、差定温探测器灵敏度级别标志如下：

①Ⅰ级灵敏度（62 ℃）：绿色；

②Ⅱ级灵敏度（70 ℃）：黄色；

③Ⅲ级灵敏度（78 ℃）：红色。

6. 综合环境条件选用火灾探测器

火灾探测器使用的环境条件，如环境温度、气流速度、空气湿度、光干扰等，对火灾探测器的工作性能会产生影响。不同场所点型探测器的选用见表 6-4，线型火灾探测器的选用参见表 6-5。

表 6-4　不同场所点型火灾探测器的选择

类　型	宜选择设置的场所	不宜选择设置的场所
感烟探测器	饭店、旅馆、教学楼、办公楼的厅堂、卧室、办公室等；电子计算机房、通信机房、电影或电视放映室等；楼梯、走道、电梯机房、书库、档案库等；有电气火灾危险的场所	不宜选择离子感烟探测器的场所有：相对湿度经常大于 95%；气流速度大于 5 m/s；有大量粉尘、水雾滞留；可能产生腐蚀性气体；在正常情况下有烟滞留；产生醇类、醚类、酮类等有机物质
感温探测器	饭店、旅馆、教学楼、办公楼的厅堂、卧室、办公室等；电子计算机房、通信机房、电影或电视放映室等；楼梯、走道、电梯机房、书库、档案库等；有电气火灾危险的场所	可能产生阴燃或发生火灾不及时报警将造成重大损失的场所；温度在 0 ℃ 以下的场所，不宜选择定温探测器；温度变化较大的场所，不宜选择差温探测器
火焰探测器	火灾时有强烈的火焰辐射；液体燃烧火灾等无阴燃阶段的火灾；需要对火焰做出快速反应	可能发生无焰火灾；在火焰出现前有浓烟扩散；探测器的"视线"易被遮挡；探测器易受阳光或其他光源直接或间接照射；在正常情况下有明火作业及 X 射线、弧光等影响

类 型	宜选择设置的场所	不宜选择设置的场所
可燃气体探测器	使用管道燃气或天然气的场所；煤气站和煤气表房，以及存储液化石油气罐的场所；其他散发可燃气体和可燃蒸气的场所	有可能产生一氧化碳气体的场所，宜选择一氧化碳气体探测器
复合式探测器	装有联动装置、自动灭火系统，以及用单一探测器不能有效确认火灾的场合，宜采用感温探测器、感烟探测器、火焰探测器的组合	

表 6-5　不同场所线型探测器的选择

类 型	设置的场所
红外光束感烟探测器	无遮挡大空间或有特殊要求的场所
缆式线型定温探测器	电缆隧道、电缆竖井、电缆夹层、电缆桥架等；配电装置、开关设备、变压器等；各种皮带输送装置；控制室、计算机房的闷顶内、地板下及重要设施隐蔽处等
空气管式线型差温探测器	可能产生油类火灾且环境恶劣的场所；不宜安装点型探测器的夹层、闷顶

单元二　消防联动控制系统

消防联动系统是火灾自动报警系统中的一个重要组成部分。通常包括消防联动控制器、消防控制室显示装置、传输设备、消防电气控制装置、消防设备应急电源、消防电动装置、消防联动模块、消防栓按钮、消防应急广播设备、消防电话等设备和组件。

一、灭火设备的联动控制

建筑消防系统中常见的灭火设施有室内消火栓系统、自动喷水灭火系统、气体灭火系统等。

1. 室内消火栓系统的联动控制

室内消火栓灭火系统由消防给水设备（包括供水管网、消防泵及阀门等）和电控部分（包括消火栓报警按钮、消防中心启泵装置及消火栓泵控制柜等）组成。室内消火栓系统中消防泵联动控制原理如图 6-8 所示，室内消火栓灭火系统控制接口示意图如图 6-9 所示。

视频：消防灭火系统

每个消火栓箱都配有消火栓报警按钮，按钮表面为薄玻璃或半硬塑料片。当发现并确认火灾后，打碎按钮表面玻璃或用力压下塑料片，按钮即动作，并向消防控制室发出报警信号，并远程启动消防泵。此时，所有消火栓按钮的启泵显示灯全部点亮，显示消防泵已经动作。

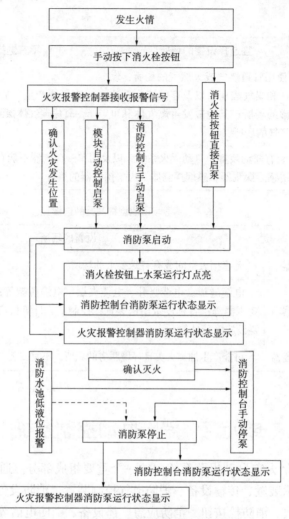

图 6-8　室内消火栓系统联动控制原理图

　　在现场，对消防泵的手动控制有两种：一是通过消火栓按钮（破玻按钮）直接启动消防泵；二是通过手动报警按钮，将手动报警信号送入控制室的控制器后，产生手动或自动信号控制消防泵启动，同时接收返回的水位信号。

　　室内消火栓系统应具有以下 3 个控制功能：

　　（1）消防控制室自动／手动控制启停泵。消防控制室火灾报警控制柜接收现场报警信号（消火栓按钮、手动报警按钮、报警探测器等），通过与总线连接的输入、输出模块自动／手动启停消防泵，并显示消防泵的工作状态。

　　（2）在消火栓箱处，通过手动按钮直接启动消防泵，并接收消防泵启动后返回的状态信号，同时报警信号传输至火灾报警控制器，消防泵启动信号返回至消防控制室。

　　（3）硬接线手动直接控制。从消防控制室报警控制台到泵房的消防泵启动柜用硬接线方式直接启动消火栓泵。当火灾发生时，可在消防控制室直接手动操作启动消防泵进行灭火，并显示泵的工作状态。

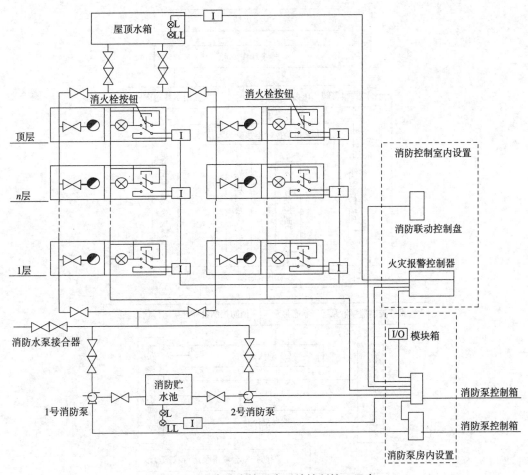

图 6-9　室内消火栓灭火系统控制接口示意

2. 自动喷水灭火系统的联动控制

在自动喷水灭火系统中，湿式系统是应用最广泛的一种自动喷水系统。湿式自动喷水灭火系统控制原理如图 6-10 所示。当发生火灾时，喷头上的玻璃球破碎（或易熔合金喷头上的易熔合金片脱落），喷头开启喷水，系统支管的水流动，水流推动水流指示器的桨片使其电触点闭合，接通电路，输出电信号至消防控制室。此时，设置在主干管上的湿式报警阀被水流冲开，向洒水喷头供水；同时，水流经过报警阀流入延迟器，经延迟后，再流入压力开关使压力继电器接通，动作信号也送至消防控制室。随后，喷淋泵启动，启泵信号返回至消防控制室，而压力继电器动作的同时，启动水力警铃，发出报警信号。当支管末端放水阀或试验阀动作时，也将有相应的动作信号送入消防控制室，这样既保证了火灾时动作无误，又方便平时维修检查。自喷泵可受水路系统的压力开关或水流指示器直接控制，延时启动泵，或者由消防控制室控制启停泵。自动喷水灭火系统的控制功能如下：

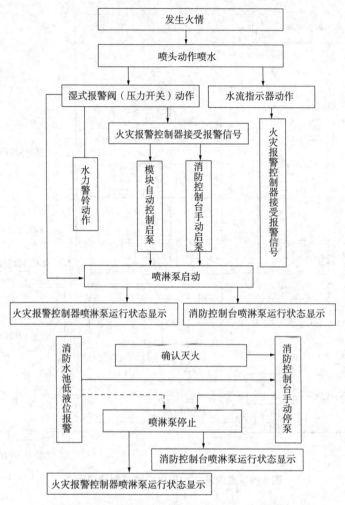

图 6-10　湿式自动喷水灭火系统控制原理图

（1）总线控制方式（具有手动／自动控制功能）。当某层或某防火分区发生火灾时，喷头表面温度达到动作温度后，喷头开启，喷水灭火，相应的水流指示器动作，其报警信号通过输入模块传递到报警控制器，发出声光报警并显示报警部位，随着管内水压下降，湿式报警阀动作，带动水力警铃报警，同时压力开关动作，输入模块将压力开关的动作报警信号通过总线传递到报警控制器，报警控制器接收到水流指示器和压力开关报警后，向喷淋泵发出启动指令，并显示泵的工作状态。

（2）硬接线手动直接控制。从消防控制室报警控制台到泵房的喷淋泵启动柜用硬接线方式直接启动喷淋泵。当火灾发生时，可在消防控制室直接手动操作启动喷淋泵进行灭火，并显示泵的工作状态。图 6-11 为自动喷水灭火系统控制接口示意图。

3. 气体灭火系统的联动控制

气体灭火系统主要用于建筑物内不适宜用水灭火，且又比较重要的场所，如变配电室、通信机房、计算机房、档案室等。气体灭火系统是通过火灾探测报警系统对灭火

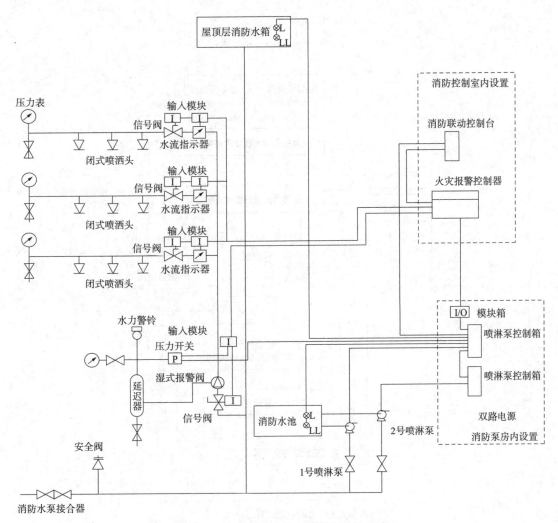

图 6-11　自动喷水灭火系统控制接口示意

装置进行联动控制，实现自动灭火。气体灭火系统启动方式有自动启动、紧急启动和手动。

　　启动自动启动信号要求来自不同火灾探测器的组合（防止误动作）。自动启动不能正常工作时，可采用紧急启动，紧急启动不能正常工作时，可采用手动启动。典型气体灭火联动控制系统工作流程如图 6-12 所示，气体灭火系统控制接线图如图 6-13 所示（采用集中探测报警方式）。

二、防排烟设备的联动控制

　　高层建筑中防烟设备的作用是防止烟气浸入疏散通道，而排烟设备的作用是消除烟气大量积累并防止烟气扩散到疏散通道。因此，防烟、排烟设备及其系统的设计是综合性的自动消防系统的重要组成部分。防排烟系统一般在选定自然排烟、机械排烟、自然与机械排烟并用或机械加压送风四种方式后进行防排烟联动控制系统的设计。在无自然防烟、排

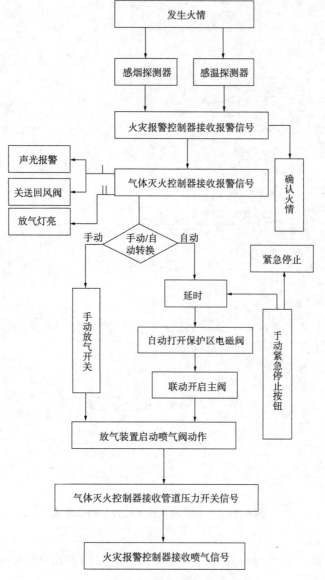

图 6-12 气体灭火联动系统控制工作流程

烟的条件下，走廊作机械排烟，前室作加压送风，楼梯间作加压送风。防排烟系统控制原理如图 6-14 所示，发生火灾后，空调、通风系统风道上的防火阀熔断关闭并发出报警信号，同时感烟（感温）探测器发出报警信号，火灾报警控制器收到报警信号，确认火灾发生位置，由联动控制盘自动（或手动）向各防排烟设备的执行机构发出动作指令，启动加压送风机和排烟风机、开启排烟阀（口）和正压送风口，并反馈信号至消防控制室。消防控制室能显示各种电动防排烟设备的运行情况，并能进行联锁控制和就地手动控制。

视频：消防诱导疏散系统

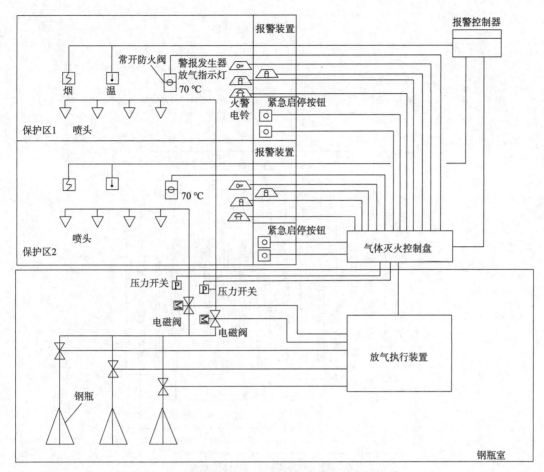

图 6-13　气体灭火系统控制接线图

根据火灾情况打开有关排烟道上的排烟口，启动排烟风机，降下有关防火卷帘及防烟垂壁，停止有关防火分区内的空调系统，设有正压送风系统时则同时打开送风口、启动送风机等。排烟风机、加压送风机系统控制接口示意如图 6-15 所示。

　　排烟阀或送风阀安装在建筑物的过道、防烟前室或无窗房间的防排烟系统中，用作排烟口或加压送风口。阀门平时关闭，当发生火灾时阀门接收信号打开。防火阀一般安装在有防火要求的通风及空调系统的风道上。正常时是打开的，当发生火灾时，随着烟气温度上升，熔断器熔断使阀门自动关闭，图 6-16 所示为排烟系统安装示意。在由空调控制的送风管道中安装的两个防烟防火阀，在火灾时应该能自动关闭，停止送风。在回风管道回风口处安装的防烟防火阀也应在火灾时能自动关闭。但在由排烟风机控制的排烟管道中安装的排烟阀，在火灾时则应打开排烟。

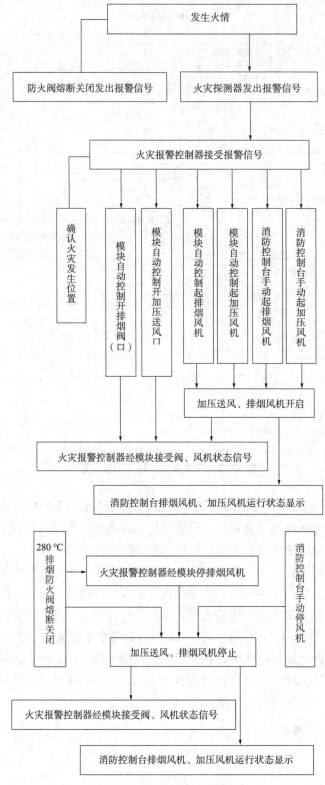

图 6-14 防排烟系统控制原理

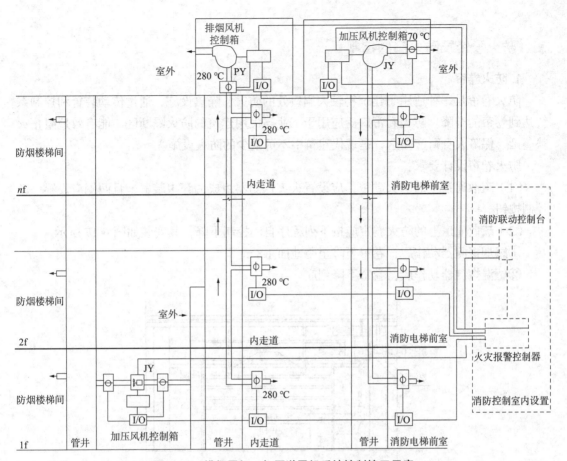

图 6-15 排烟风机、加压送风机系统控制接口示意

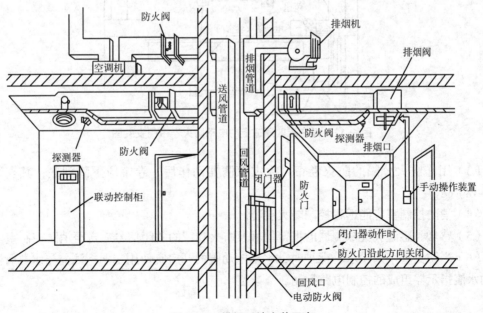

图 6-16 排烟系统安装示意

三、防火卷帘及防火门的控制

1. 防火卷帘

防火卷帘是一种适用于建筑物较大洞口处的防火、隔热设施，通过传动装置和控制系统达到卷帘的升降。防火卷帘广泛应用于工业与民用建筑的防火隔断区，能有效地阻止火势蔓延，保障人身财产安全，是现代建筑中不可缺少的防火设施。

防火卷帘设计要求：

（1）疏散通道上的防火卷帘，应设置火灾探测器组成的警报装置，且两侧应设置手动控制按钮。

（2）疏散通道上的防火卷帘应按下列程序自动控制下降，其安装如图 6-17 所示。

①感烟探测器动作后，卷帘下降至距地面 1.8 m。

②感温探测器动作后，卷帘下降到底。

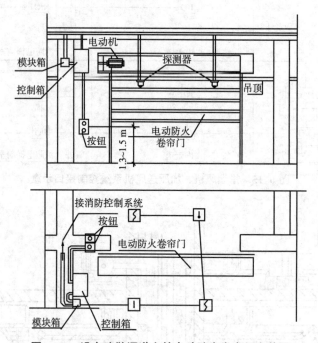

图 6-17　设在疏散通道上的电动防火卷帘门安装图

（3）用作防火分隔的防火卷帘，火灾探测器动作后，卷帘应下降到底，其安装如图 6-18 所示。

（4）消防控制室应能远程控制防火卷帘。

（5）感烟、感温火灾探测器的报警信号及防火卷帘的关闭信号应送至消防控制室。

（6）当防火卷帘采用水幕保护时，水幕电动阀的开启宜使用定温探测器与水幕管网有关的水流指示器组成的控制电路控制。

2. 防火门

电动防火门的作用在于防烟与防火。防火门在建筑中的状态是：正常（无火灾）时，防火门处于开启状态，火灾时受控关闭，关后仍可通行。防火门的控制就是在火灾时控制其关闭，其控制方式可由现场感烟探测器控制，也可由消防控制中心控制，还可以手动控制。防火门的工作方式有平时不通电、火灾时通电关闭和平时通电、火灾时断电关闭两种方式。

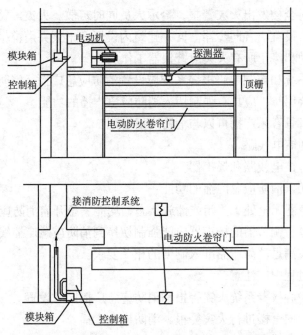

图 6-18 用作防火分隔的电动防火卷帘门安装图

电动防火门的设计要求如下：

（1）门任一侧的火灾探测器报警后，防火门应自动关闭。

（2）防火门关闭信号应送到消防控制室。

（3）电动防火门宜选用平时不耗电的释放器，暗设，且应设就地手动控制装置。

四、电梯的联动控制

消防联动控制器应具有发出联动控制信号强制所有电梯停于首层或电梯转换层的功能。电梯运行状态信息和停于首层或转换层的反馈信号应传送给消防控制室显示，轿箱内应设置能直接与消防控制室通话的专用电话。

备用电源，是火灾时能保证消防用电设备继续正常运行的独立电源。消防电梯要有专用操作装置，该装置可设在消防控制中心，也可设在消防电梯首层的操作按钮处。消防电梯在火灾状态下应能在消防控制室和首层电梯门庭处明显的位置设有控制迫降归底的按钮。另外，电梯轿厢内要设专线电话，以便消防队员与消防控制中心、火场指挥部保持通话联系。

五、火灾警报和消防应急广播系统的联动控制

（1）火灾自动报警系统应设置火灾声光警报器，并应在确认火灾后启动建筑内的所有火灾声光警报器。

火灾警报是第一个通知建筑内人员火灾发生的消防设备，是火灾自动报警系统必须设置的组件之一。

确认火灾后，对全楼发出火灾警报，警示人员同时疏散。火灾声警报器设置带有语音提示功能时，应同时设置语音同步器。同一建筑内设置多个火灾声警报器时，火灾自动报警系统应能同时启动和停止所有火灾声警报器工作。

（2）集中报警系统和控制中心报警系统应设置消防应急广播。消防应急广播与普通广播或背景音乐广播合用时，应具有强制切入消防应急广播的功能。

①普通广播或背景音乐广播可以与消防广播合用：

a.共用扬声器和馈电线路。

b.共用扩音机、馈电线路和扬声器。

②应具有强制切入消防应急广播的功能：

a.扩音机、扬声器无论处于关闭或播放状态，均能紧急开启消防应急广播。

b.设有开关或音量调节器的扬声器应能强制切换到消防应急广播线路。

③设备的选型应满足消防产品准入制度的相关要求。

（3）在设计的过程中应注意：

①集中与控制中心报警系统火灾警报和消防应急广播同时设置。

②确认火灾后，向全楼进行火灾警报、消防应急广播。

③扩音机的功率应满足所有扬声器同时开启的功率要求；扩音机（功率放大器）宜按楼层或防火分区分布设置。

④火灾警报和消防应急广播的联动控制。

a.火灾警报和消防应急广播交替循环播放；

b.先发出1次火灾警报，警报时长8～20 s；

c.再发出1～2次消防应急广播，广播时长10～30 s。

模块小结

消防控制系统是建筑消防系统的一部分，它主要用于火灾发生时自动探测火灾信号并采取相应的控制措施。当火灾探测器探测到火灾信号后，消防控制系统能自动切除报警区域内有关的空调器，关闭管道上的防火阀，停止有关换风机，开启有关管道的排烟阀，自动关闭有关部位的电动防火门、防火卷帘门，按顺序切断非消防用电源，接通事故照明及疏散标志灯，停运除消防电梯外的全部电梯。同时，消防控制系统还能通过控制中心的控制器，立即启动灭火系统进行自动灭火。

消防控制系统主要由三大部分构成：一部分为感应机构，即火灾自动报警系统；另

一部分为执行机构，即灭火自动控制系统；还有避难诱导系统（后两部分也可称消防联动系统）。

火灾自动报警系统由探测器、手动报警按钮、报警器和警报器等构成，以完成检测火情并及时报警的任务。

总的来说，消防控制系统在火灾发生时起着关键的作用，能够有效地防止火灾的蔓延并保护人们的生命财产安全。

复习与思考题

1. 简述火灾自动报警系统的定义及功能。
2. 火灾探测器的选择应符合哪些要求？
3. 点型探测器在宽度小于 3 m 的内走道顶棚上设置时应符合哪些要求？
4. 火灾探测区域的划分应符合哪些要求？
5. 简述排烟系统的联动要求。

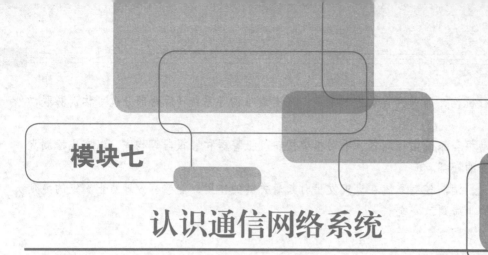

认识通信网络系统

1. 了解程控数字交换机系统、公共广播系统和有线电视系统工作原理。

2. 掌握程控数字交换机的基本结构、工作过程和技术特点，掌握公共广播系统和有线电视系统的组成。

3. 了解这些主要通信网络系统的软件和硬件系统。

1. 运用所学的理论知识，具备对程控数字交换机、公共广播系统和有线电视系统的选型和问题分析能力，为后续拓展相关知识奠定基础。

2. 通过分析案例，培养发现问题和解决实际问题的能力。

3. 培养主动思考，突破常规、寻求解决的思路和方法。

1. 了解所学的知识在国家建设和社会发展中起到的作用，增强服务民生的社会责任感与家国情怀。

2. 具备实事求是、团结协作的职业素养，以发展的眼光看待问题。

3. 培养与时俱进的学习能力。

单元一　程控数字用户交换机系统

程控数字交换机全称为存储程序控制交换机，一般专指用于电话交换网的交换设备，它以计算机程序控制电话的接续。程控交换机是利用现代计算机技术，完成控制、接续等工作的电话交换机。

视频：引入对
通信的理解

一、交换机的发展和趋势

1. 交换机技术的发展情况

自 1876 年美国人贝尔发明电话以来，电话通信和电话交换机取得了巨大的进步和发展。在人工电话交换机阶段，每个用户的电话机经一对外线接到交换机面板上的用户塞孔，采用人工进行两个电话机之间的连接和释

视频：交换机
的发展

放。在机电制自动交换机阶段，步进制自动交换机由用户话机的拨号脉冲直接控制交换机的接线器动作；后来的纵横制交换机沿用了步进制交换机的电磁原理，但话路的主要部件使用了特殊设计的纵横接线器，这种接线器动作小而轻、磨损少，并且采用了间接控制技术，适用于长途自动电话交换，但纵横接线器的结构较复杂、庞大，容量不易扩大，也不易增加新的功能，因此已让位于电子交换设备。在电子交换机阶段，引入了"存储程序控制"概念，把电话接续过程预先编好的程序存入计算机，计算机就根据编好的程序控制电话接续。这就是现代电话通信中迅速发展起来的存储程序控制交换机，简称程控交换机。程控交换机分为空分模拟交换机和时分数字交换机两大类。

（1）空分模拟交换机：是电子计算机开始应用于电话交换技术的最初成果，它的接线器仍采用纵横接线器等体积小、动作较快的电磁元件，在话路中交换的是连续的模拟话音信号。这种交换机不需进行话音的模数转换（编解码），用户电路简单，因而成本低，目前主要用作小容量模拟用户交换机。

（2）时分数字交换机：一般在话路部分中传送与交换的是数字话音信号，因而又称为程控数字交换机。由于程控数字交换技术的先进性和设备的经济性，使电话交换跨上一个新的台阶，而且对开通非话业务、实现综合业务数字交换奠定了基础，因而成为当今交换技术发展的主要方向。目前所生产的中、大容量程控交换机全部为数字式。

交换机的分类如图 7-1 所示。

图 7-1　交换机的分类

2. 程控交换技术的发展趋势

随着现代通信技术的高速发展，人们对信息交换的需求也越来越大。除对语音、传真的通信要交换外，对数据、多媒体等的通信也要交换，发展趋势如下：

（1）线路集成，提升集成度与模块化水平，缩小体积、节省成本、加强功能并提高可靠性。

（2）采用分散控制方式，将控制部分的分散灵活性和可靠性得以提高。

（3）采取公共信令系统。

（4）提倡非语音业务，组建综合信息交换系统。

（5）加大接口与组网能力，实现各种通信网的互联互通。

（6）逐步向宽带交换网络、软交换设备、综合业务过渡；IP交换网的优势越来越明显。

交换机产品功能强大，增加接口，提供不同需求的带宽，以满足现代通信的需要。光交换、软交换技术的发展也非常迅速。交换机在通信网络中的作用是必不可少的，并将随着交换技术的进步不断地发展。

二、程控数字交换机的基本结构

程控交换机实质上是通过计算机的"存储程序控制"来实现各种接口的电路接续、信息交换及其他的控制、维护、管理功能，它的基本结构如图7-2所示。其主要包括用户线接口电路（SLIC）、中继线单元及各种其他接口单元几个部分。

视频：交换技术的基本原理

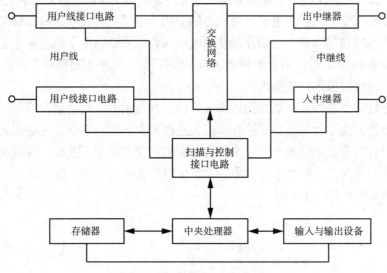

图7-2 程控交换机的基本结构

1. 用户线接口电路（SLIC）

用户线接口电路（SLIC）的作用是实现各种用户线与交换网络之间的连接。根据交换机制式和应用环境的不同，用户线接口电路也有多种类型，对于目前常用的程控交换机来说，主要有与模拟话机或传真机连接的模拟用户线电路（AIC）、与数字话机或计算机数据终端设备连接的数字用户线电路（DLC）及与无线或移动用户接口的无线接入单元等。

模拟用户线电路（ALC）目前主要用于连接脉冲或双音多频式（DTMF）模拟话机，因而在程控交换系统中，模拟用户线电路是用量最多、对体积和成本影响也是最大的部件。由于它连接的是外部用户线，馈电电压与振铃信号幅度较高，电流较大，且易受雷电等冲击，因而是影响系统可靠性的重要部位。

对于程控数字交换机的模拟用户线电路（ALC），其基本功能通常以缩写词BORSCHT

表示，含义和功能如下所述。

（1）馈电（Battery feed，B）：交换机通过用户线向共电式话机直流馈电，我国规定馈电电压为 -48 V，容差为（+6，-4）V，摘机时馈电电流为 18 ~ 50 mA。

（2）过电压保护（Overvoltage Protection，OP）：防止用户线上的电压冲击，并防止过电压、过电流损坏交换机。程控交换机一般用两级保护，第一级保护是在配线架上安装保安器，主要用来防止雷电，但由于保安器在雷电袭击时仍可能有上百伏的电压输出，对交换机中的器件还会产生致命的损伤，因此，在 ALC 中一般还用二极管钳位电路、压敏电阻等作为第二级保护。

（3）振铃（Ringing，R）：向被叫用户话机馈送铃流信号。我国采用 90 V±15 V（有效值）、25 Hz 交流电压作为铃流。由于电压较高，一般采用继电器或高压集成电子开关单独向用户话机馈送。

（4）监视（Supervision，S）：借助扫描点监视用户线通断状态，以检测话机的摘机、挂机与拨号脉冲等用户线信号转送给控制设备，以表示用户的忙闲情况，并利用脉冲收号器（通常为程序）进行拨号号码识别，确定其接续要求。对于 DTMF 话机，需要利用专用集成电路作为收号器，进行拨号号码识别。

（5）编解码（Coder，C）：利用编码器和解码器及相应的滤波器，完成模拟话音信号的 A/D 和 D/A 转换及所需的防混叠失真，滤除 50 Hz 电源干扰和平滑滤波等功能，以便与程控数字交换机的数字交换网络接口对接。目前，该功能几乎全部由 PCM 编解码器 / 滤波器专用集成电路来实现。

（6）混合（Hybrid，H）：进行模拟用户线的 2 线与编解码所需的 4 线之间的转换，该功能可由混合线圈或专用集成电路实现。

（7）测试（Test，T）：通过测试继电器或电子开关、交换机测试程序，对用户电路进行自动测试，其结果可在交换系统维护终端上加以显示。

对于模拟或空分式程控交换机，不需要（5）、（6）功能。目前除某些特定应用的小型交换机利用增量调制外，一般均采用 PCM 编解码方法，用户电路功能框图如图 7-3 所示。

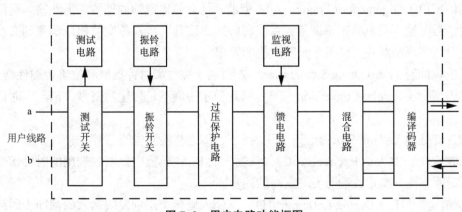

图 7-3　用户电路功能框图

数字用户线电路（DLC）是为适应数字、数据用户环境而配置的接口。它一般通过

2 线或 4 线数字用户环路连接数据终端设备（DTE）、计算机、终端适配器或数字话机等。

目前程控数字交换系统主要应用 ISDN 定义的 2B+D 基本速率接口，通过此接口和数字用户线能够传送两路 64 kbit/s 的 B 信道数字话音或数据信息及一路 16 kbit/s 的 D 信道信令或控制信息。对 4 线 S 口方式，信息率为 144 kbit/s，传输率为 192 kbit/s，传输码型为伪三进制（或 AMI）码；对 2 线 U 接口方式，信息率仍为 144 kbit/s，传输率多为 160 kbit/s 或 152 kbit/s，传输码型分别是 2B1Q 或 AMI 码。S 接口的详细性能应符合 ITU-T 的 I.430 等建议。数字用户线接口技术较为复杂，涉及的内容多属 ISDN 范围。

2. 中继线单元

中继线单元分为模拟中继线单元和数字中继线单元。

（1）模拟中继线单元（ATU）。模拟中继线单元是用于交换机的交换网络与模拟中继线之间的连接。由于共用电话交换网中所用的交换机制式很多，为建立连接，程控交换机的模拟中继单元也相应有不同的类型，它们的功能和电路与所采用的中继线信令方式有密切的关系。模拟中继线单元的基本功能包括发送与接收表示中继线状态（如示闲、占用、应答、释放等）的线路信号、转发与接收代表被叫号码的记发器信号、馈给信号音和向控制设备提供所接收的线路信号。

（2）数字中继线单元（DTU）。数字中继线单元是数字交换网络与数字中继线的接口电路，通过它可实现数字交换系统之间，或者数字交换系统与数字传输系统之间的连接。其主要作用一般是根据 PCM 时分复用原理，将 30 路 64 kbit/s 的话音与中继信令等信号复接成 2.048 Mbit/s 基群信号输出。在实际应用中一般再经高次群复用设备与光端机，在光纤信道中传输。由于数字中继线上传送的是 PCM 群路信号，因而它具有数字通信的一些基本功能，如帧同步、时钟恢复或位同步、码型变换、信令插入与提取等。

数字中继线单元（DTU）的基本功能与模拟用户线接口电路的 BORSCHT 功能相对应，概括和缩写为 GAZPACHO，其含义如下：

①帧和复帧同步码的产生与插入（Generation of Frame Code，G）：在输出数字码流的有关时隙中插入同步码，以便在收端实现帧与复帧的同步。

②帧定位（Alignment of Frame，A）：借助弹性存储器或帧调整器，消除输入码流的相位抖动，强制输入码流的速率调整到系统时钟速率使其同步，并使帧相位调整到交换机统一位置上，实现帧对齐，以满足时隙交换的要求。

③连零抑制（Zero String Suppression，Z）：利于接收端时钟提取和改善传输性能。

④码型变换（Polar Conversion，P）：满足数字中继基带传输对信号频谱与定时信息的要求。

⑤告警处理（Alarm Processing，A）：插入、传送与检测告警信号。

⑥时钟恢复（Clock Recovery，C）：从输入的 PCM 码流中提取收端用的时钟信号，作为输入时间基准，实现收端与发端定时的同步。

⑦帧同步（Hunt During Reframe，H）：从输入码流中识别发端插入的帧同步码组，经比较和调整，达到收端与发端的帧同步，以便能正确地接收各路信码。

⑧信令插入与提取（Office Signalling，O）：从输入的 PCM 码流中提取信令信息，并在输出码流的规定时隙中插入所要传的信令信息。

3. 交换网络

交换网络包括有空分接续网络、时分（数字）接续网络、时分空分组合接续网络等型式。它们是程控交换机实现用户间或端口间信息交换的关键部件。目前除小容量交换机一般采用空分或时分接续网络外，中、大容量交换机几乎全采用时空组合网络或专用交换集成电路。

4. 控制系统

控制系统是程控交换机的核心，其主要任务是根据内、外线用户的呼叫要求及组网与运行、维护、管理的要求，执行存储程序和各种命令，以控制相应的硬件，实现信息的交换和系统的维护管理功能。

控制系统的主体是微处理机，包括 CPU、存储器、I/O 设备及相应软件。由于程控交换机的应用具有接口种类多、用户量大、呼叫并发性强、实时性一般要求较高和可靠性要求较严格等特点，因而其控制系统较为复杂，除小容量机型多采用单处理机集中控制外，普遍采用多处理机，构成分散式或分布式控制系统，如图 7-4 所示。

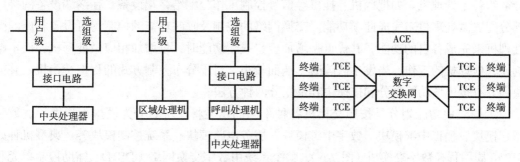

图 7-4　程控交换机的控制方式

（a）集中控制方式；（b）分级控制方式；（c）分布控制方式

ACE—辅助控制单元；TCE—终端控制单元

程控交换机所采用的控制方式决定了其基本电路、基本部件组合的配置、模块化总体结构形式，即不同的控制方式将得到不同的程控交换机模块结构。

（1）集中式控制式交换机模块结构。集中式控制方式的交换机仅设置一级中央处理机，交换机的控制都由中央处理机来完成。其优点是软件程序只有一个，调整方便；缺点是需要大型处理机而且需要双备份，这样才能保证其可靠性。当前，仅少数很小容量的程控交换机采用此种控制方式，而空分式程控交换机都采用集中控制方式。

（2）分级控制式交换机模块结构。分级控制方式（图 7-5）按交换机的功能可分为三级：第一级用来监视用户摘机、挂机、接收脉冲拨号等频繁的工作，这一级需要配置若干个小型微处理机，称为用户处理机。第二级用来处理如查询用户数据、建立拨号音通路、进行数字接收与数字分解、中继线呼叫检测、数字交换模块的控制等复杂而执行控制次数较少的工作，第二级一般配置功能较强的高速微机，称为呼叫处理机。第三级是用来诊断故障及维护管理等复杂工作，执行控制次数偏少，一般配置功能较强的高速处理机，称为主处理机。大多数程控交换机将第二、三级合并为一级，称为中央处理机。

分级控制方式的优点是将中央处理机的工作分散到一级或二级微处理机中，并由它们代替中央处理机的工作，减少故障对整个交换机的影响。

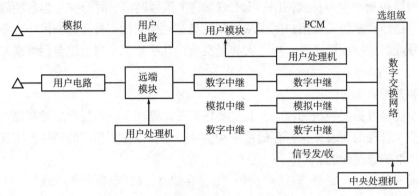

图 7-5　分级控制式交换机的模块结构

（3）分布控制式交换机模块结构。分布控制方式取消了中央处理机，把各种控制功能分散给各个处理机。如把摘机、挂机等信号控制工作分配给终端设备，在终端设备的接口部分配置微处理机来完成此项功能。交换网络的控制及呼叫功能的控制均可设置相应的微处理机来完成各自的功能。其优点是增加容量或新功能时，仅增加相应微处理机，而不影响原有处理机的工作，当发生故障时影响面较小。对于分布控制方式的程控交换机，其模块划分有按模块功能划分和按模块容量划分两种方法。

①按模块功能划分是按照交换机各种不同的功能将模块划分为模拟用户模块、数字用户模块、模拟中继模块、数字中继模块、服务电路模块、系统控制模块等。典型机种如S1240局用程控数字交换机（图 7-6），整个系统由数字交换网络（DSN）、辅助控制单元和各种终端模块组成。

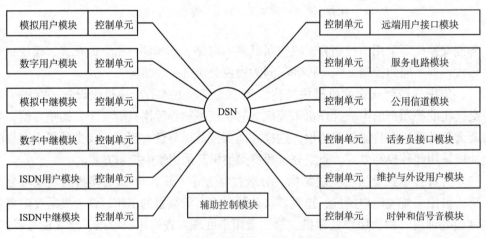

图 7-6　按功能划分的交换机模块结构

②按模块容量划分是要求每个模块具有一定容量的用户接口、中继接口等各种外围接口电路和必要的服务电路，并且每个模块能独立完成交换机具备的各种基本功能。每个模块相当于一个小型交换系统，典型机种如 MD110，整个系统由用户线接口模块（LIM）和

选组级交换网络（GS）两部分组成。

用户线接口模块除具有各种外围接口电路外，还具有其本身的控制系统和交换网络，如图 7-7 所示，可作为一台程控交换机独立工作，每个用户线接口模块可处理 256 个端口，大约可装 200 门电话分机。

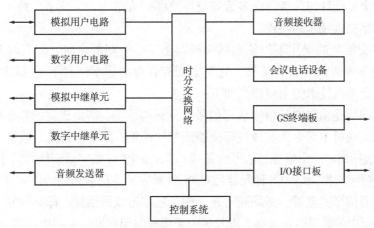

图 7-7　用户线接口模块（LIM）

在分布式控制方式中，无论是按容量划分还是按功能划分，各个模块都具有很强的自主控制能力，每个模块都能独立工作，不受其他模块控制；而在分级控制方式中，每个模块都要受中央模块的控制，这一点是两种控制方式间的主要差异。

5. 信令系统

在程控交换系统的各个部分间或用户与交换机、交换机与交换机间，需要传送各种专用的控制信号或信令，来保证交换机协调动作，完成用户呼叫、处理、接续、控制等功能。

6. 网络连接设备

网络连接设备用于与局域网（LAM）互连的 LAC，与分组数据网（PDN）互连的 PS Server，连接 Modem 进行数据通信的 MLU，Modem pool，以及用于连接无线移动通信系统、寻呼系统、ISDN 与接入网等有关的单元或设备。

三、程控数字交换机的主要作用和技术特点

1. 程控数字交换机的主要作用

（1）通过模拟用户线接口（ALC）实现模拟电话用户（TEL）间的拨号接续与信息交换。

（2）通过数字用户线接口（DLC）实现数字话机（SET）或数据终端（DTE）间的拨号接续与数字、数据信息交换。

（3）经模拟用户线接口和 Modem 实现数据终端间的数据通信。

（4）经数字用户线接口、Modem 线路单元（MLU）、调制解调器组（Modem Pool）及模拟中继线接（ATU），实现与上级局或另一交换机的数据终端间的数据通信。

视频：程控
电话系统的特点

（5）通过专用的接口完成程控数字交换机与局域网（LAN）、分组数据网（PDN）、ISDN、接入网（AN）及无线移动通信网等的互连。

（6）经所配置的硬件和应用软件，提供诸多专门的服务和应用功能。

（7）借助维护终端、话务台（OP）等设备，实现对程控交换系统或网络的配置、性能、故障、安全、统计与计费等众多管理及各种维护功能。

2. 程控数字交换技术的特点

程控数字交换机的诞生不但使电话交换跨上了一个新的台阶，而且对开通非电话业务，如数据业务等提供了有利条件。它对实现综合业务数字网打下了基础。在话路系统中，程控数字交换机技术的主要特点如下：

（1）交换网络是由以交换数字话音信号为目标的低压、高集成度的集成电路组成，完全改变了以往交换机中对金属实线进行交换连接的模拟电路交换模式。模拟话音信号必须在各种终端（包括用户、中继器、信号设备等）转换成 PCM 数字话音信号后才能进行交换。

（2）由于数字交换网络中各种元器件对 PCM 数字话音信号传送的单向性，因而对于电话这种交互的通信形式来说，必须同时建立两条数字形式的话路，即必须建立一条由主叫用户发往被叫用户的数字话音通路，以及另一条由被叫用户发往主叫用户的数字话音通路。

（3）与模拟程控交换机相比，程控数字交换机中各种信号音已数字化，易于通过数字交换网络进行交换连接，不再需要专用的中继器（回铃音中继器、忙音中继器等），大大简化了部件的品种和操作。例如，在"送忙音"这个操作中，处理机只需要执行一段程序，将"忙音"所在的单元地址写入接收者所在时隙的控制存储器单元中即可完成。

四、程控数字交换机的呼叫处理过程

下面以本局呼叫为例，介绍程控数字交换机的呼叫处理过程，即通信通路的建立过程。图 7-8 表示电话交换网呼叫过程所需要的基本信号。

（1）用户扫描。本局呼叫的建立是从分机用户摘机开始的，只要分机用户一摘机，即表示其有呼叫请求，而且用户的呼叫请求是随机的。因此，交换机必须不停地对用户进行扫描，以检测哪个用户有呼叫请求。

（2）向用户送拨号音。交换机一旦检测到某用户有呼叫请求，就应立即安排一个通道向该用户送拨号音，以表示交换机已准备接收其拨号信息。拨号音通道可以是模拟通道，也可以是数字通道（时隙）。若为模拟通道，则拨号音由模拟信号发生器产生；若为数字通道，则拨号音要由数字信号发生器形成，交换机要为该用户动态或静态分配一个时隙作为拨号音通道来传送数字拨号音。

（3）接收用户拨号信息。用户听到拨号音后就可进行拨号，向交换机发出被叫号码。用户话机有脉冲（DP）话机和双音多频（DTMF）话机两种，它们所发出的号码信息形式是不同的。脉冲话机以直流脉冲的个数表示号码数字，这些直流脉冲之间有严格的时间相位关系。双音多频话机则以两个不同频率的信号组合来表示号码数字，这些频率的规定已有国际标准。交换机对这两种拨号信息的接收方式也有所不同。对脉冲拨号，交换机以软件程序为收号器；对双音多频拨号，则以专用集成电路作为收号器。

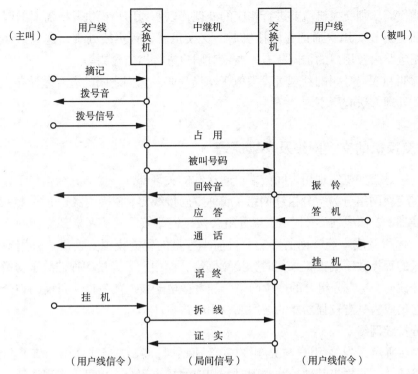

图 7-8 电话交换网呼叫过程所需要的基本信号

（4）号码分析。交换机在收到主叫用户所拨的第一位号码数字后，就停送拨号音，并进行号码分析。号码分析的内容有查询该用户的话务等级等，不同的话务等级表示不同的通话范围，例如只能和本交换机的分机用户通话，可以打市话，可以打国内长话等。因此，根据该用户的话务等级，就可以判别该用户所拨的第一位号码数字是否与其话务等级适配，另外还要判别这位号码数字是否符合该交换机的编号方案。如果该位数字与用户的话务等级不适配，或者不符合交换机的编号方案，则交换机就要向该用户送特殊信号音（如空号音、阻塞音等），以提示用户拨号有误。显然，号码分析是在交换机的软件程序中实现的。

（5）地址接收和选择路由。如果用户所拨的第一位号码数字符合要求，交换机就逐位接收并存储主叫用户拨发的被叫地址号码，并根据这个地址，选择一条通向被叫用户的空闲路由。

（6）向被叫用户振铃。交换机在接收完被叫的地址号码以后，就开始查询被叫用户的忙闲状态。如果被叫忙，交换机就向主叫送忙音；如果被叫闲，则交换机向主叫送回铃音，同时向被叫振铃。振铃通过控制用户电路中的铃流继电器（或高压集成开关）的动作来实现。

（7）通话接续与监视。当被叫用户摘机应答时，交换机就分别对主叫和被叫两用户停送回铃音和铃流信号，并利用原来所选择的路由，通过交换网络对两用户的话音信息进行交换接续，从而实现双方通话。在通话阶段，交换机仍然要对这两个用户进行扫描监视，以检查这两个用户是否挂机或在通话过程中是否拨发程控电话功能服务代码。如果用户拨了某个功能代码，则交换机就要进行相应的处理，以便为用户提供其所需要的服务功能。

（8）话终拆线。用户通话完毕挂机后，交换机就进行拆线处理，这包括终止交换接续、更改相应路由及用户的忙闲状态、继续对用户进行扫描检测等。

出局呼叫和入局呼叫的处理过程类似于本局呼叫，它们之间的主要差异在于接口的信号方式及其处理方法有所不同。

五、程控交换机的交换网络及接续原理

交换网络是交换机实现用户间或端口间接续的关键部件，根据其结构与工作方式的不同，通常将交换网络分为空分接续网络（或称空间接线器、S 接线器）、时分接续网络（或称时间接线器、T 接线器）及时分 - 空分组合接续网络等形式。考虑到交换网络对交换机总体性能、体积及成本等方面的影响，目前小容量的程控模拟交换机均采用空分接续网络，小容量的程控数字交换机采用时分接续网络，而中、大容量的程控数字交换机几乎全部采用时分或时分 - 空分组合的接续网络。随着微电子技术的发展，目前的空分或时分接续网络均已集成为具有较强功能的通用或专用电路组件。

1. 空分接续网络

如图 7-9 所示，当 R_1 用户与 R_2 用户需要通话时，若 C_2 号线空闲，将 S_{12} 和 S_{22} 接点闭合就可以通话，同样当其他号线空闲时，相应的接点闭合，也可以实现通话。在两个用户通话时，各自占据一条实线通路，而平时各个通话路由在空间上用导线及器件互相分隔开，这就是空分接续的含义。

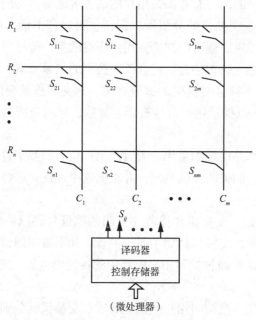

图 7-9　空分接续网络结构示意

目前，空分接续网络广泛采用交叉点开关阵列集成电路，取代了老式的纵横制机电接线器。这种开关阵列电路主要由交叉点电子开关、控制存储器、译码器组成。在控制信号

作用下，由译码器输出 S_{ij} 的状态选择，与确定相应交叉开关导通，以实现与该接点相连的输入线、输出线的接续。这种接续网络主要用于模拟信息的交换，通常称为模拟交换网络。

2. 时分接续网络

时分方式通话接续如图 7-10 所示，当 NO1 用户与 NO15 用户通话时，接点由 τ_1 脉冲控制，τ_1 出现时接点闭合，两个用户可以通话。同理，NO5 用户与 NO10 用户通话是靠 τ_2 脉冲控制。由于两个控制脉冲不同时出现，故两路话音虽然在同一总线上，但互相不干扰。

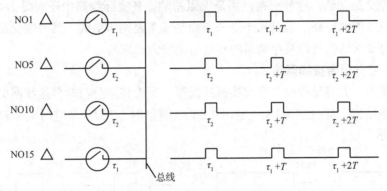

图 7-10　时分方式通话接续图

时分接续网络是利用控制存储器存取的原理进行 PCM 各话路时隙间数字信息交换，因此，通常又将其称为数字交换网络或时隙交换器（Time Slot Interchanger，TSI）。时隙交换器主要由话音存储器与控制存储器两部分组成，下面以话路时隙 1 与 9 交换为例说明时隙交换过程，如图 7-11 所示。

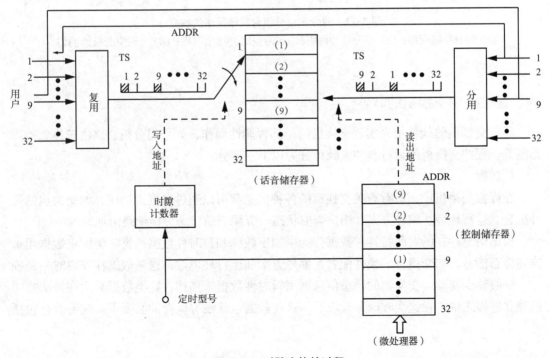

图 7-11　时隙交换的过程

时隙交换器首先将输入的 PCM 复用码流以时隙（8 bit）为单位按顺序写入话音存储器，然后根据呼叫的要求将来自微处理器的接续命令存入控制存储器，即控制存储器中的第 1 单元写入内容"9"，第 9 单元写入内容"1"。在走时脉冲作用下，从控制存储器读出的内容作为话音存储器的读出地址，这样输出的复用码流实现了第 1 路与第 9 路的时隙信息交换，这种控制方式一般称为"顺序写入、控制读出"或"顺序写入，随机读出"，简称为"输出控制"方式。当然若为"控制写入，顺序读出"或"输入控制"方式，也可实现同样的时隙交换功能，这种交换网络是无阻塞的。在实际线路中还需要 2/4 线转换、串并与并串转换等附加电路。若输入不是一条而是 n 条复用码流线，其时隙交换原理与前面相同，但此时要求话音与控制存储器的容量均应增为原来的 n 倍。

3. 时分－空分组合接续网络

为了满足中、大容量程控数字交换机的需要，通常将空分与时分接续网组合成不同性能的交换网络结构，如时空（TS）、空时（ST）、时空时（TST）及空时空（STS）等形式，如图 7-12 所示。

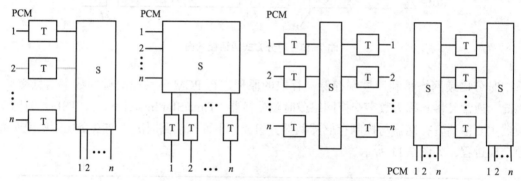

图 7-12　时分－空分组合接续网络的构成
（a）时分接续网络；（b）空分接续网络；（c）时空时接续网络；（d）空时空分接续网络

六、程控数字交换机的软件

程控交换机的软件用来实现交换机的全部智能性操作，如号码分析、路由选择、故障诊断等。程控交换机的运行软件大致可分为以下三部分：

1. 数据

在程控交换机中，所有有关交换的各种信息都可以通过数据来描述，如交换机的硬件配置、运行环境、编号方案、用户当前状态、资源当前状态、接续路由地址等。

根据信息存在的时间特性，数据分为半固定数据和暂时性数据两类。半固定数据用来描述静态信息，如交换机的硬件配置、编号方案和运行环境等，这些数据在安装时一经确定，一般较少变动。交换机的动态信息则用暂时性数据来描述，这类数据只用在每次呼叫的建立过程之中，在这次呼叫释放以后，这些数据也就没有保存的必要了。这类数据包括有主叫和被叫用户号码、占用路由的地址数据、呼叫建立过程中所要用到的资源及资源间的暂时链接等。

在交换机的软件程序中，数据并不是彼此独立的，它们是按一定的规则进行编排存储的，数据的编排存储形式就是数据结构。可以共享的相关数据以一定的方式组织起来的集合称为数据库。数据库中的全部数据由数据管理系统（Data Base Management System, DBMS）统一管理，以便于采取有效措施保证数据的完整性、安全性和并发性。数据库管理系统是一组软件程序，它是应用程序与数据库之间的接口。为了快速、有效地使用数据，在交换机软件中数据一般以表格的方式进行编排，常用表格主要有线性表、非线性表和数据封装三种。

2. 系统程序

交换机软件的系统程序由操作系统构成。操作系统是交换机硬件和应用程序之间的接口，它统一管理交换机的所有硬件、软件资源，合理组织各个作业的流程，协调处理机的动作和实现各个处理机之间的通信。操作系统的主要功能是进程管理、作业管理、存储管理、文件管理和 I/O 设备管理等。

3. 应用程序

应用程序是直接面向用户，为用户服务的程序，它包括呼叫处理、系统防护和维护管理三部分。

呼叫处理程序负责整个交换机所有呼叫及交换机各种电话服务功能的建立与释放。这些服务功能包括有三方电话、各种呼叫转移、缩位拨号等。所有的应用程序中，呼叫处理程序是最为复杂的一部分。这一方面是由于对于每一次呼叫，呼叫处理程序几乎涉及所有的公共资源，使用大量的数据，而且在处理过程之中各种状态之间的关系非常复杂；另一方面从软件的发展来看，呼叫处理程序的修改频次可能是最高的，这是因为硬件技术在不断发展变化，用户对电话服务功能会提出一些新的需求。因此，呼叫处理程序必须模块化，只有这样才易于编写，便于程序的修改和增删服务功能。

系统防护程序的基本功能是在系统运行期间保持系统的高度可靠性。防护意味着需要尽快检测出故障，并把故障对交换机的影响限制在最低程度，因此，系统防护程序也可以说是一个故障处理程序，它包括对故障的自动检测、定位、隔离，以及告警、报告和系统恢复等功能。

由于故障出现是随机的，为了尽快检测出故障，系统防护程序需要连续不断地运行。考虑到出现故障的概率较低，日常运行时一般使处理机以较少的时间来执行系统防护程序，而在安装阶段或者在话务量较小时，采用较多一点的时间来执行防护程序。这种时间上的安排，由维护人员输入有关指令来实现。

维护管理程序主要用来存取、修改半固定数据以及管理含有这类数据的文件。半固定数据用来描述交换机的运行环境及其硬件配置，这类数据一般较少变动。为了保护这类数据免遭意外破坏，在维护人员使用这类数据或文件时，维护管理程序一般采取了防护措施，如给操作维护终端设置权力等级、设置口令、给不同的文件或不同类型的数据设置不同的权力等级等方式。

在交换机软件中，呼叫处理程序是实现交换机基本功能的主要组成部分，但在整个系统的运行软件中，它只占一小部分，一般不超过 1/3，而系统防护和维护管理程序大约为整个运行软件的 2/3 左右。

单元二　公共广播系统

一、公共广播系统概述

公共广播又称有线广播，简称 PA 广播（Public Address System），是在一定的区域范围内传播实时信息的重要手段，主要用于飞机场、火车站、汽车站、体育场、商场和超市等各类场所，其主要任务是为公共场所提供清晰的、富有效率的声响环境。公共广播系统根据适用场所的规模、使用性质和功能要求可分以下三种类型：

视频：网络公共
广播系统介绍

（1）业务性广播系统。办公楼、商业写字楼、学校、医院、铁路客运站、航空港、车站、银行及工厂等建筑物设置业务性广播，以满足业务和行政管理为主的业务广播要求。

（2）服务性广播系统。宾馆、商场娱乐设施及大型公共活动场所设置服务性广播，服务性广播范围是背景音乐和客房节目广播，目的是为人们提供欣赏性音乐类广播节目，以服务为主要宗旨。广播节目的内容安排应根据服务对象和工程级别情况而定。

（3）火灾事故紧急广播系统。主要用于火灾发生时，在消防控制室的消防人员通过火灾事故广播引导人们迅速撤离危险场所。在广播系统中消防广播具有绝对优先权，它的信号所到的扬声器应无条件畅通无阻，包括切断所有其他广播，处于开启和关断的音控器及相应区域内的所有扬声器应全功率工作等。

传统的公共广播系统主要依靠模拟功率信号传输信息。此类广播系统在应用中存在着不足和局限性。首先，模拟信号在传输过程中容易受空中杂波的干扰，在经过较远距离传输后，会产生信号衰减，最终造成信号严重失真，导致音质下降。并且传统广播只能在规定的频率和发射功率内进行传输，覆盖范围受到制约。另外，传统布线缺乏灵活性，模拟广播分区系统建成以后，无法通过简单的管理设备改变线路的功能，重新调整分区就要重新布线，无法实现动态分组广播，智能化程度低。由于模拟信号采用单向传输方式，系统的调试和维护需人工逐个进行。

近年来，随着数字技术、网络技术和多媒体技术的发展，数字化网络音频广播已悄然兴起。数字化广播系统的特点如下：

1. 数字化特点

数字化网络音频广播采用数字信号传输音频信息。由于它采用了纠错编码技术，消除了模拟方式的噪声干扰，从而保证了传输的可靠性。数字广播抗干扰能力强，即使经过长距离传输，仍然能够保持良好的音质，信号几乎零失真，广播范围大幅度增大。

2. 网络化特点

网络化是指把传统的公共广播网变成一个数据网。网络化广播系统除有可能实现"三网合一"外，其主要优点包括：

（1）以太网在传输音频信号的同时，还可传输控制信号，从而实现对公共广播系统的分区模式进行智能化管理。

（2）以太网系统的综合布线技术、传输模式和传输协议均有可遵循的国际标准，从而保证了广播系统的可靠性和兼容性。

（3）基于以太网的播放终端可方便地嵌入到原有的网络系统中，即插即用，从而省略了线缆敷设和传输设备的安装，使安装和扩展更加便捷。另外，由于系统采用双向传输模式，可方便地定位故障设备的位置，使维护简便。

（4）目前局域网和广域网都是基于以太网构建的，以太网设备大量应用于生产和生活，将其引入广播系统中，则很多原有的网络设备可直接使用，不存在兼容问题，使网络广播系统的成本大为降低。

从以上的情况分析可以得出，基于以太网的数字音频公共广播系统是一种智能有线广播系统，在智能建筑的广播系统中逐渐占据主导地位。

二、公共广播系统的组成

公共广播系统为广场、宾馆、商厦、机场、学校等提供背景音乐和广播节目以及紧急广播、消防联动广播等。该系统控制功能较多。公共广播系统包括节目源设备、信号放大与处理设备、传输线路和扬声系统四个部分。图7-13所示为公共广播系统框图。

视频：公共广播
系统 上海闸北
广场

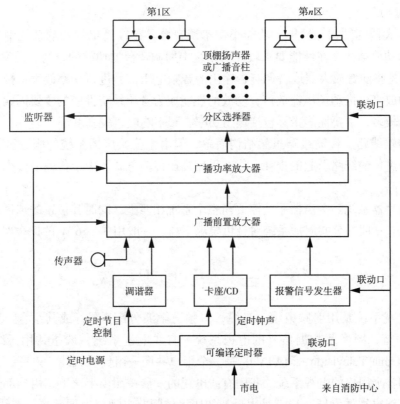

图7-13 公共广播系统框图

（1）节目源设备。节目源通常有无线电广播（调频、调幅）、普通唱片、激光唱片（CD）、盒式磁带等，相应的节目源设备有 FM/AM 调谐器、电唱机、激光唱机和录音卡座等。此外，还有传声器（话筒）、电视伴音（包括影碟机、录像机和卫星电视的伴音）、电子乐器等。

（2）放大和信号处理设备。放大和信号处理设备包括调音台、前置放大器、功率放大器和各种控制器及音响加工设备等，是整个广播音响系统的控制中心。这一部分设备的首要任务是信号的放大——电压放大和功率放大，其次是信号的选择，即通过选择开关选择所需要的节目源信号。调音台和前置放大器作用或地位相似（当然调音台的功能和性能指标更高），它们的基本功能是完成信号的选择和前置放大，此外还担负对重放声音的音色、音量和音响效果进行各种调整和控制的任务。如果需要更好地进行频率均衡和音色美化，需另外单独接入均衡器。功率放大器则将前置放大器或调音台送来的信号进行功率放大，通过传输线去推动扬声器放声。

调音台又称调音控制台，是专业音响系统的控制中心设备，它是一种多路输入（4 路、8 路、12 路等）、多路输出（单声道、双声道、三声道、多声道等）的调音控制设备。它将多路输入信号进行放大、混合、分配、音质修饰音响效果加工，是现代广播电台、舞台舞厅扩音、音响节目制作等系统进行播放和录制节目的重要设备。

前置放大器将各种节目源（如话筒、调谐器等）送来的信号进行电压放大和各种处理。主要包括节目源选择、信号均衡、音调调节、音量调节、平衡控制、滤波及放大等。在确保各种性能的前提下，将输入信号放大到 0.5 ~ 1 V，随后其输出的信号送功率放大器（简称功放）。

前置放大器的结构、性能、功能类似于调音台。在较简单的音响系统中，一般用前置放大器加功放结构，在性能要求较高的系统中用调音台加功放的结构。功率放大器（功放）的功能是将前置放大器或者调音台输出的音频电压信号进行功率放大，推动扬声器放声。由于功放直接推动扬声器放声，功放的性能成为音响系统性能的主要因素，所以功放的性能指标较多，主要性能指标包括输出功率、频率响应、失真度等。

（3）传输线路。传输线路虽然结构简单，但由于公共广播系统的服务区域广、距离长，为了减少传输线路引起的损耗，往往采用高压传输方式。由于传输电流小，故对传输线的要求不高。

（4）扬声器系统。扬声器系统需要与整个系统相匹配，同时其位置的选择也需满足工程实际要求。一般的公共广播系统对音色要求不高，一般用 3 ~ 6 W 的扬声器。

单元三　有线电视系统

有线电视系统是用射频电缆、光缆、多频道微波分配系统（或其组合）来传输、分配和交换声音、图像及数据信号的电视系统。有线电视系统一般指共用天线电视系统（Master Antenna Television，MATV），是多个用户共用一组优质天线，以有线方式将电视信号分送到各个用户的电视系统。我国有线电视的发展按照由上至下、由局部到整体的思路。各地有线电视的发展一般都是由最初的居民楼闭路电视，发展到小区有线电视互连，进而整个城域（行政辖区）的有线电视互连。自 20 世纪 90 年代开始，我国有线电视系统从各自独立的、分散的小网络，向以部、省、地市（县）为中心的部级干线、省级干线和城域联网发展，并已成为全球第一大有线电视网。

一、共用天线电视的基本组成及工作过程

1. 共用天线电视的基本组成

共用天线电视系统一般由前端、干线传输和用户分配三个部分组成。前端部分主要包括电视接收天线、频道放大器、频率变换器、自播节目设备、卫星电视接收设备、导频信号发生器、调制器、混合器及连接线缆等部件。前端信号的来源一般有三种：接收无线电视台信号、卫星地面接收信号和各种自办节目信号。共用电视系统结构如图 7-14 所示。

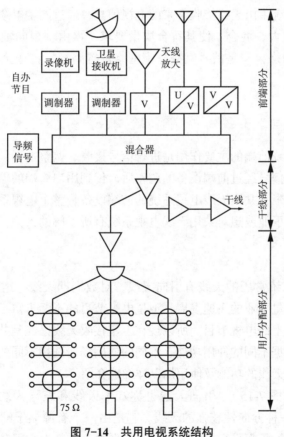

图 7-14　共用电视系统结构

前端部分将天线接收的各频道电视信号分别调整到一定的电平，然后经混合器后送入干线，必要时将电视信号变换成另一频道的信号，然后经混合器混合后送入干线；将卫星电视接收设备输出信号通过调制器变换成某一频道的电视信号送入混合器；对于自办节目信号，通过调制器变换成某一频道的电视信号而送入混合器；若干线传输距离长（如大型系统），由于电缆对不同的频道信号的衰减不同等原因，故加入导频信号发生器，用以进

行自动增益控制和自动斜率控制。

干线传输系统是把前端处理、混合后的电视信号传输给用户分配网络的一系列传输设备。一般在较大型的电视系统中才有干线部分。例如，小区许多建筑物共用一个前端，自前端至各建筑物的传输部分成为干线。干线距离较长，为了保证末端信号有足够高的电平，需要加入干线放大器以补偿电缆的衰减。电缆对信号的衰减基本上与信号频率的平方根成正比，故有时需要加入均衡器以补偿干线部分的频谱特性，保证干线末端的各频道信号电平基本相同。对于单幢大楼或小型公共电视系统，可以不包括干线部分，而直接由前端和用户分配网络组成。

用户分配网络部分是电视系统最后部分，主要包括放大器（宽带放大器等）、分配器、分支器、系统输出端及电缆线路等，它的最终目的是向所有用户提供电平大致相等的优质电视信号。

2. 共用天线电视的工作过程

共用天线电视系统中由天线接收下来的电视信号，通过同轴电缆送至到前端设备，前端设备将信号进行放大、混合，使其符合质量要求，再由一根同轴电缆将高质量的电视信号送至信号分配网络，于是信号就按分配网络设置路径，传送至系统内所有的终端插座上。

二、共用天线电视前端设备

共用天线电视系统前端的主要作用是进行信号接收、调整电平、进行信号变换及信号的放大等功能。电视信号经过前端设备的调整后，传到用户终端的信号质量好，使用户收看的电视节目非常清晰，共用天线电视系统的前端设备是整个电视系统的核心。因此，对于从事共用天线电视事业或想对共用天线电视系统有所了解的人们，了解共用天线电视前端设备是必不可少的。

1. 天线

共用天线电视系统常用的天线有引向天线、对数周期天线、组合天线和卫星天线四种，但是随着我国卫星事业的飞速发展，卫星电视节目的不断丰富，人们还经常使用卫星接收天线来接收卫星上的电视节目，所以现在卫星接收天线已经是共用天线电视系统不可缺少的前端天线。根据不同的使用功能、不同的使用场所选择不同的类型和尺寸天线。以下对引向天线和卫星天线的功能及使用加以详细地介绍。

（1）引向天线（图7-15）。引向天线也称八木天线和波导天线。引向天线是VHF、UHF波段最常用的一种方向性较强的天线。它是由一个有源振子即馈电振子和若干个无源振子组成，所有的振子都平行地配置在同一个平面上，其中心用金属杆固定。

（2）卫星接收天线（图7-16）。卫星天线的作用是将反射面内收集到的经卫星转发的电磁波聚集到馈源口，形成适合于波导传输的电磁波，然后送给高频头进行处理。接收天线，顾名思义，它只作为接收信号的单一功能。接收天线按其反射面构成材料来分，又可分为铝合金的、铸铝的、玻璃钢的、镀锌薄钢板的和铝合金网状四种。目前。铝合金板材加工成的反射面的天线，其性能最好，使用寿命也长；铸铝反射面的天线，尽管成本有所降低，但是反射面的光洁度不高，天线效率低，性能要低于铝合金反射面的天线；玻璃钢反射面的天线，成本也低，但反射面的镀层容易脱落，使用寿命不长；镀锌薄钢板反射面的天线，其成本最低，但容易生锈腐蚀，使用寿命最短；铝合金网状天线，其效率均不如前面的板状天线，但由于质量轻、价格低、风阻小及架设容易，较适合于多风、多雨雪等场所采用。

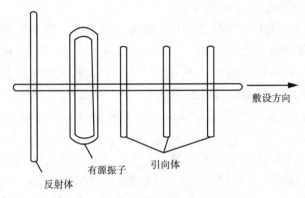

图 7-15 引向天线

2. 混合器

有线电视混合器前端各接收器、调制器处理的射频信号混合在一起，形成稳定的宽频带信号输出。

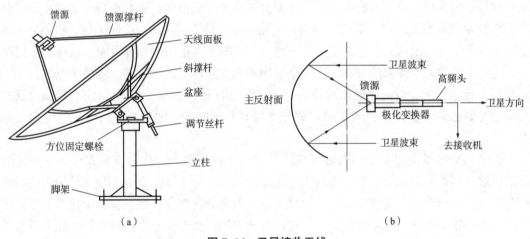

图 7-16 卫星接收天线
（a）结构图；（b）剖面图

三、用户分配网络设备器件

1. 用户分配网络设备

常用的用户分配网络设备有分配器和分支器。从天线上接收下来的电视信号频率很高，通常用射频电缆做传输线。每种射频电缆都有一定的特性阻抗。如果要把一路信号分成几路送出，就不能采用简单的并联和串接的办法，要想得到高质量的传送信号，就必须保持传输系统各部分都得到良好的匹配，同时传输系统的各条干线，以及各个输出端之间还应该具有一定的隔离度，使用分配器和分支器等器件就可以解决这些问题。

分配器和分支器都应具有宽频带的特性，VHF专用的电缆电视系统中使用的分配器和分支器，应能通过VHF的所有信号，对于UHF和VHF两用型分配器和分支器，应既能通过VHF信号，也能通过UHF信号。

按盒体结构来分，分配器和分支器有一般型、防水型、明装型和暗装型等几种。一般分配器和分支器都安装在室内，不要求有防水性能；防水型安装在室外；对于建好的房屋可安装明装型；随基建一起施工的可用暗装型，安装在墙内。在共用天线电视系统中，经常需要通过电缆芯线给中途线路放大器送电，因此接在通电电缆中间的分支器也必须能通过电源电流。这种能通过电源电流的分配器和分支器称为馈电型分配器或分支器。

（1）分配器。分配器是用来分配信号的部件。它将一路电视信号分成几路输出。通常有二分配器、三分配器、四分配器和六分配器等，最基本的是二分配器和三分配器，常用的是二分配器和四分配器，而四分配器由三个二分配器构成。通常分配器用于放大器的输出端或把一条主干线分成若干条支干线等处，也有用在支干线终端的。分配器的输出端不能开路或者短路，否则会造成输入端的严重失配，同时还会影响到其他输出端。

（2）分支器。分支器接在干线电缆的中途，它把流经干线同轴电缆信号的一部分取出来，馈送给电视机。分支器的输入信号大部分来自干线输出端，也有来自分支输出端。分支器多数用在系统的末端，即用户终端。它由一个主输入端（即干线输入端）和一个主路输出端（即干线输出端）以及若干个分支输出端（即支线输出端）所构成。在理想的情况下，只有主路输入端加入信号时，在主路输出端和支路输出产生信号。若从主路输出端加入反向干扰信号时，对支路输出端没有影响（即无输出）。同样由各支路输出端加入反向干扰信号时，对主路输出也无影响。故分支器具有单向传输的特点，所以也称方向性耦合器。

为了适应电缆电视系统的各种要求，分支器做成许多种。按分支数来分，有一个分支输出端的叫作一分支；有两个分支输出端的叫作二分支器；有三个分支输出端的叫作三分支器；有四个分支输出端的叫作四分支器。因为分支数过多时，从一个地方引出的电缆线太多，很不方便，因而常用的只有这四种分支器。也有按分支输出端从干线中耦合能量的多少来分的，这种分类方法目前还没有统一的规定，通常在分支器的技术指标中加以说明。

2. 同轴电缆

同轴电缆的性能不仅直接影响到信号的传输质量，还影响到系统规模的大小、寿命的长短和造价是否合理等。同轴电缆由同轴结构的内外导体构成，内导体（芯线）用金属制成并外包绝缘物，绝缘物外面是用金属丝编织网或用金属箔制成的外导体（皮），最外面用塑料护套或其他特种护套保护。

电缆电视用的同轴电缆，各国都规定为 75 Ω，所以使用时必须与电路阻抗相匹配，否则会引起电波的反射。

同轴电缆的衰减特性是一个重要性能参数。它与电缆的结构、尺寸、材料和使用频率等均有关系。电缆的内外导体的半径越大，其衰减（损耗）反而越小。所以，大系统长距离传输多采用内导体粗的电缆。

目前，我国常用 SYKV 型同轴电缆。干线采用 SYKV-75-12 型，支干线采用 SYKV-75-12 或 SYKV-75-9 型，用户配线采用 SYKV-75-5 型。

模块小结

随着技术创新和经济社会的发展，通信在现代社会生活中无论是对生产还是对生活都具有极为重要的作用。以电话通信为例，它的基本目标是在任何时刻，使任何两个地点的人们之间进行通话，电话通信一般需要满足三个要素，即发送和接收话音的终端设备、传输话音信号的设备和对话音信号进行交换接续的交换机。在一定的区域范围内传播实时信息的公共广播系统，以及传输和分配声音、图像及数据信号的有线电视系统，各自的工作过程和特点。

本模块主要介绍了程控数字交换机系统、公共广播系统和有线电视系统的发展、基本概念、工作过程和技术特点等。

程控数字交换机的诞生不但使电话交换跨上了一个新的台阶，而且对开通非电话业务，如数据业务等提供了有利条件。它对实现综合业务数字网打下了基础。在话路系统中，程控数字交换机的交换网络是由以交换数字话音信号为目标的低压、高集成度的集成电路组成，完全改变了以往交换机中对金属实线进行交换连接的模拟电路交换模式。

随着数字技术、网络技术和多媒体技术的发展，基于以太网的数字音频公共广播系统是一种智能有线广播系统，在智能建筑的广播系统中逐渐占据主导地位。数字广播抗干扰能力强，即使经过长距离传输，仍然能够保持良好的音质，信号几乎零失真，广播范围大幅度增大。以太网系统的综合布线技术、传输模式和传输协议均有可遵循的国际标准，从而保证了广播系统的可靠性和兼容性。

共用天线电视系统是多个用户共用一组优质天线，以有线方式将电视信号分送到各个用户的电视系统。共用天线电视系统中由天线接收下来的电视信号，通过同轴电缆送至前端设备，前端设备将信号进行放大、混合，使其符合质量要求，再由一根同轴电缆将高质量的电视信号送至信号分配网络，于是信号就按分配网络设置路径，传送至系统内所有的终端插座上。

复习与思考题

1. 程控数字交换机由哪几部分构成？各部分的主要功能是什么？
2. 程控数字交换技术有哪些特点？
3. 简述程控数字交换机的通信通路建立过程，即呼叫处理过程。

4. 简述程控交换机的空分接续原理与时分接续原理。

5. 与传统广播系统相比，数字化公共广播系统有哪些优势和特点？

6. 公共广播系统由哪些主要设备构成？各主要设备的功能是什么？

7. 简述共用天线电视的基本组成和工作过程。

8. 共用天线电视系统的前端设备是整个系统的核心，试说明前端设备的主要作用。

模块八

办公自动化系统

知识目标

1. 了解办公自动化系统的基本概念。
2. 掌握办公自动化系统的组成要素，了解办公自动化系统的构成，为学好本知识领域的相关内容打下良好的基础。

技能目标

1. 能认知自动办公室化系统的构成，并能理解和运用办公自动化系统的相关技术。
2. 了解办公自动化堆人员素质的基本要求，能熟练掌握对办公自动化系统的使用。

素养目标

1. 激发科技兴国的情怀。
2. 培养自我价值认同感、工匠精神和奉献精神。

单元一　办公自动化系统概述

随着计算机技术、网络技术的发展与普及，信息社会和知识社会等理念对现代管理的冲击，办公自动化处于不断发展与变革之中。计算机处理技术在当前社会的生产生活中扮演着越来越重要的角色，它的存在大大减少了人们的劳动量。为此，将计算机信息处理技术与办公自动化有机结合起来，可以很大程度提升工作效率。

一、概述

办公自动化（Office Automation）是 20 世纪 80 年代迅速发展起来的一门综合性学科，人们也习惯称其为 OA。

办公自动化是将计算机、通信等现代化技术运用到传统办公方式，进而形成的一种综合性技术。它是将计算机网络与现代化办公相结合的一种新型办公方式，它不仅可以实现办公事务的自动化处理，而且可以极大地提高个人或群体办公事务的工作效率，为企业或部门机关的管理与决策提供科学的依据。

自 20 世纪 70 年代，从单机处理开始，例如，采用微型机处理文字，进而完成文件归档、记录指示、电话自动记录等任务。20 世纪 80 年代后进入办公自动化的快速发展期，在办公室中普遍采用计算机作为高一级的管理工具，如信息检索、辅助决策等，出现办公设备和计算机、通信等互连构成的计算机网络系统，利用网络集成技术，人们对办公信息的处理能力出现质的飞跃，办公自动化成为智能建筑的一个主要标志。

目前，办公自动化系统成为包括计算机、通信、声像识别、数值计算及管理等多种技术的一个综合系统。计算机技术、通信技术、系统科学和行为科学被视为办公自动化的四项支撑，工作站（Work Station）和局域网络（Local Area Network）成了办公自动化的两大支柱。

不同的使用对象具有不同的功能：对企业高层领导来说，办公自动化（OA）是决策支持系统（DSS）。它运用科学的数学模型，结合企业内部 / 外部的信息，为企业领导的决策提供参考和依据；对于企业中层管理者来说，办公自动化（OA）是信息管理系统（IMS），它利用业务各环节提供的基础"数据"，提炼出有用的管理"信息"，把握业务进程，降低经营风险，提高经营效率；对于企业普通员工来说，办公自动化（OA）是事务 / 业务处理系统。办公自动化（OA）为办公室人员提供良好的办公手段和环境，使之准确、高效，愉快地工作。

二、办公室自动化的发展阶段

1. 国外发展阶段

早在 20 世纪 90 年代，国外就开始了对办公自动化设计的探索，并且设计了一个简单的自动化体系，虽然当时该体系十分简单但是却直接掀起了人们对自动化办公的探索之路。

办公自动化理论与技术的研究兴起于 20 世纪 70 年代末期的美、英、日等经济发达、科技领先的国家，其中，美国是推行办公自动化最早的国家之一，其办公自动化发展历程可分为四个阶段：

（1）第一阶段（1975 年前的单机设备阶段）：以采用单机设备、完成单项工作为目标，这一阶段的办公自动化技术又被称为"秘书级别"。

（2）第二阶段（1975—1982 年的局域网阶段）：通过采用专用交换机、局域网等部分综合设备，将很多单机设备融入局域网络中，进而实现数据和设备的共享，这一阶段的办公自动化技术又被称为"主任级别"。

（3）第三阶段（1983—1990年的一体化阶段）：采用数据、文字、声音、图像等多媒体信息，通过广域网作为传输、处理、存储手段，这一阶段的办公自动化技术又被称为"决策级别"。

（4）第四阶段（1990年以后的多媒体信息传输阶段）：将语音、图像、音视频等技术更好地运用到办公自动化系统中，实现更加先进的办公自动化。

2. 国内发展阶段

目前国内的办公自动化系统也得到了快速发展，越来越多的企业开始注重对自动化系统的使用。我国办公自动化技术的发展可分为四个阶段：

（1）第一阶段（1980—1999年，文件型办公自动化）：最早的办公自动化从Lotus12-3、WPS、MS Office等单机版的办公应用软件开始，实现了由手工办公到计算机办公的转变，在当时被称作"无纸化办公"。一方面实现了企业的信息交流和共享，另一方面建立了企业审批及流程雏形，从而形成了OA的概念。

（2）第二阶段（2000—2005年，协同型办公自动化）：这一阶段主要以工作流为中心，在文件型OA的基础上增加了公文流转、流程审批、文档管理、会议管理、资产管理等实用功能。在实现个人办公自动化的基础上，该阶段的办公自动化系统完善了各个职能部门之间的沟通和信息共享机制，建立了企业内部的协同工作环境，将办公自动化拓展到企业的全部办公机构，确保所有员工均可实现办公自动化，并能够根据各自的授权了解需要的信息，完成自己的工作任务。

（3）第三阶段（2006—2010年，知识型办公自动化）：随着OA系统应用的逐步深入，企业和用户的要求也不断提高，办公自动化系统的发展也随之派生出全新气象，形成了以"知识管理"为主要思想、以"协同"为工作方式、以"门户"为技术手段、整合了企业内信息资源的"知识型办公自动化系统"。从这个意义上说，办公实际上是一个管理过程，电子商务时代带来的企业事务处理对象瞬息万变，这就要求作为企业的办公自动化系统能够提供足够的灵活应变和开放交互能力。

（4）第四阶段（2011年后，智能型办公室自动化）：随着企业组织流程的不断固化和改进、知识的积累和应用以及技术的创新和提升，最终的办公自动化系统将会全面脱胎换骨，全新的"智能型办公自动化系统"将成为未来的发展方向，智能型OA能够提供决策支持、知识挖掘、商务智能等服务，并能更关注企业的决策效率。

三、办公自动化系统的功能

作为一种新型办公方式，办公自动化系统将计算机技术与办公自动化有机地结合起来，其具有自己独特的系统功能，计算机技术起到了至关重要作用。

1. 处理各项事务自动化

在企业及单位的办公管理中都会涉及秘书与行政要务。办公自动化的应用能够使人们及时地了解行政事务与人事关系，确保事务处理更加准确。

2. 处理文件自动化

在传统的办公管理中，每一份文件都必须要进行严密的分析、解读，以纸质的形式不断地进行修改，这样不仅降低了工作效率，也使员工的工作量增多，同时也很容易出现修改失误或文件信息丢失的问题，致使文件中的信息存在漏洞。而办公自动化系统能够实现自动化地管理各类文件。利用计算机网络技术对文件进行分类和统一的传输，在保留好原文件的前提下，提出一些可行性的建议。同时，企业必须要对办公自动化系统进行严格的管理，并要求工作者通过身份验证才能够登录系统，并查看所需要的文件资料，有效保证了企业内部文件的严密性。

3. 实现自动化决策

在企业管理中，正确的决策是确保办公管理的基础，使用办公自动化系统能够自动对文件进行核对，如人事关系、财务账目等。而办公自动化可以对涉及决策的相关资料进行科学的分析，这样能够有效地提高决策的科学性与数据的精准度。

4. 实现决策支持

OA 系统还配置了更加智能的决策系统，如决策支持系统（DSS）和群体决策支持系统（GDSS）。所谓 DSS，指的是一种以计算机为工具，应用决策科学及有关学科的理论与方法，以人机交互的方式辅助决策者解决半结构化和非结构化决策问题的信息系统。至于 GDSS，简单来说，也是一种交互式信息系统，可以供一组共同负责决策的人使用，他们可以通过该系统，按照一定的手续和规则，共同解决问题。针对两种决策系统，群体越大，其效果越明显，因此，对于大型企业来说是必要的。

5. 实现图像处理自动化

可用光学字符阅读器直接将印刷体字母和数字输入计算机，用光电扫描仪或数字化仪将图形文字输入计算机。有的 OA 系统配置了图像处理系统，它具有图像识别、增强、压缩和复原等功能。

四、办公自动化系统相关技术

1. 办公门户技术

办公门户技术是整合了内容与应用程序、随意创作统一的协同工作场所的一门新兴技术。信息门户技术提供了个性化的信息集成平台和可扩展的框架，能够根据需要进行全方位的信息资源整合，使应用系统、数据内容、人员和业务流程实现互动。在办公自动化系统中，门户网站和门户系统是两种常见的表现形式，如根据企业需求建立的企业门户系统，运用不同技术建立的基于门户技术的电子办公系统，以及根据不同需要建立的门户网站等。

2. 信息交换、公文传输、传输加密技术

OA 系统信息资源的共享是办公自动化系统的一个重要内容。为提高办公自动化效率，需要建设统一、安全、高效的信息资源共享交换平台。信息交换平台由集中部署的数据交换服务器及各种数据接口适配器构成，提供一整套规范、高效、安全的数据交换机制，解决数据采集、更新、汇总、分发、一致性等数据交换问题，解决按序查询、公共数

据存取控制等问题。

公文传输系统可以有效解决办公室处理文件的办公效率。公文传输系统可以完成公文、会议通知和资料下发、公文上报，平级单位间公文交换等功能。但是网络自身含有较强的开放性，在计算机网络中，数据主要是在开放的环境下进行传递，在传递过程中，可能会受到不法人员或者病毒的攻击，严重影响数据传递安全。因此，为了保证网络传输安全，数据加密技术对网络传递和数据安全起到了重要意义。

传输加密技术是通过对特性数据加密处理，保证数据传递安全。其原理在于通过应用密钥方式实现数据密文处理，但是这些密文自身不具备现实意义。通过应用该方式，可以实现数据信息的合理传递。

3. 业务协同机制

数字化、网络化、信息化是办公自动化发展的潮流，而多维度、多领域的"协同办公"是办公自动化发展的新方向。简单来说，协同工作就是由多人互相配合完成同一工作目标，照此理解，为实现办公自动化中各业务信息的交流、组合及信息共享等方式都可看作是协同办公。

4. 工作流技术

工作流（workflow）技术的概念形成于生产组织和办公自动化领域，是计算机应用领域的一个新的研究热点。国际工作流管理联盟（Work Flow Management Coalition, WFMC）对工作流的定义：一类能够完全或者部分自动执行的经营过程，根据一系列过程规则、文档、信息或任务能够在不同的执行者之间传递、执行，工作流程实施的三个基本步骤分别是映射、建模和管理。

在办公自动化系统中，工作流技术的实施主要是通过工作流管理系统来实现的。工作流管理系统是一个软件系统，它通过计算机技术的支持完成工作流的定义和管理，并按照在计算机中预先定义好的工作流逻辑推进工作流实例的执行，工作流管理系统将现实世界中的业务过程转化成某种计算机化的形式表示，并在此形式表示的驱动下完成工作流的执行和管理。

五、办公自动化的发展趋势

随着各种技术的不断进步，办公自动化的未来发展趋势将体现以下几个特点：

1. 办公信息数字化、多媒体化

在办公活动中，人们主要采用计算机对信息进行处理，计算机所处理的信息都是数字信息，很多的信息都被处理成数字方式，这样存储处理就更方便。

同时，随着多媒体技术、虚拟现实技术的应用，使人们处理信息的手段和内容更加丰富，使数据、文字、图形图像、音频及视频等各种信息形式都能使用计算机处理，它更加适应并有力支持人们以视觉、听觉、触觉、味觉、嗅觉等多种方式获取及处理信息的方式。

2. 办公环境网络化

网络的应用不仅改变了人们的生活方式和工作方式，完备的办公自动化系统能把多种办公设备连成办公局域网，进而通过公共通信网或专用网连成广域办公网，从而实现信息的高速传播。它可以跨越时间与空间，应用十分方便与广泛。

3. 办公操作无纸化、无人化、简易化

由于计算机要求处理的信息数字化，同时办公环境的网络化使得跨部门的连续作业免去了以纸介质为载体的传统传递方式。采用"无纸化办公"，不仅节省纸张，而且速度快、准确度高，更加便于文档的编辑和复用，它非常适合电子商务和电子政务的办公需要。

对于一些要求24小时办公、办公流程及作业内容相对稳定、工作比较枯燥、易疲劳、易错、劳动量较重的一些工作场合，可以采用无人值守办公。如自动存取款机的银行业务、夜间传真及电子邮件自动收发等。

由于计算机系统的高速发展，相关办公软件已十分成熟，操作界面更为直观，使得人们在办公活动中操作使用、维护与维修等更加简单。

六、办公自动化的组成要素

办公自动化系统的组成要素一般包括办公人员、办公机构、办公制度、办公信息、技术设施和办公环境6个方面。

1. 办公人员

办公自动化系统是一个信息处理系统，办公人员是系统不可缺少的重要组成部分。办公人员都必须具备按既定要求完成自身职务范围内任务的能力和素质，他们组合在某个系统中，既有分工又有合作，各尽其责。为此，可以分为不同的工作层次，具体分为领导决策人员、中层管理人员、专业人员和辅助人员。

（1）领导决策人员。领导决策人员是指企业的高级管理层或政府机关中各级领导决策人员，他们需要掌握准确的信息和情报，综合分析本单位和有关单位的具体情况和动态，制定短期目标和长远规划，对单位的重大事项做出决断，其办公活动性质一般是非确定性的、无规律可循的。

（2）中层管理人员。中层管理人员是指企事业单位的部门负责人，他们不但负责安排、协调专业技术人员的工作，还要收集信息，进行决策，根据上级指示及时解决本部门的问题，并做到信息的上传下达，其办公活动性质属于混合型。

（3）专业人员和辅助人员。专业人员在行政机关内是指负责社会、经济、政治、法律等各项业务的工作人员；在企业内是指负责生产、经营销售和技术开发的各类人员。辅助人员是指行政机关和企事业单位的一般办公人员和后勤人员。

2. 办公机构

办公机构是指决定办公自动化系统的层次和职能的企事业行政机构，它将直接影响办公自动化系统的总体结构。

3. 办公制度

办公制度决定具体办公业务和办公流程。为了协调各级办公机构的职能，明确各级办公人员的职责，需要建立各种规章制度，使办公活动规范化。

4. 办公信息

办公信息是办公自动化系统的处理对象。办公活动从信息处理的角度讲，就是对各类信息进行采集、存储、处理和传输的过程。分析办公活动的过程可以把办公信息资源种类归纳为数据、文字、语音和图形、图像四大类。

（1）数据信息。数据信息包括人事、财务、计划、统计、劳资、市场和产、供、销等各种数据。数据库管理系统为这些数据的输入、存储、查询、统计分析和报表生成提供了方便、快捷的手段。通过专用软件对这些数据进行深入加工，同时借助由综合数据库、模型库和方法库组成的知识库，构成决策支持型办公自动化系统。

（2）文字信息。文字信息包括公文、报告、公函、档案和情报资料等文件。计算机的各种汉字输入法、手写汉字识别技术、印刷体文字识别技术和汉字语音识别技术为此类信息输入提供了手段。光盘存储技术、多机共享大容量磁盘阵列技术为信息的存储提供了空间。具有编辑、排版和打印功能的计算机中文处理系统及办公软件使办公人员能方便、直观地加工文字信息。专用的文档管理和全文检索软件等提供了对文档的分类和检索功能。

（3）语音信息。声音的计算机输入、存储、传递使办公自动化系统具有了基本的多媒体功能。语音合成技术可以将计算机中存储的文件资料朗读出来。语音识别技术赋予计算机聆听和理解的能力，办公人员可以口授命令与计算机对话。这些都使办公自动化系统更接近人们习惯的办公方式。

（4）图形、图像信息。通过对基础数据库的数据进行加工，生成曲线图、直方图等，比报表更直观。图像的计算机传输使计算机具有传真机的功能。利用计算机进行图像处理，可以实现高层次的档案管理、人事管理和多媒体电子邮件管理等。

5. 技术设施

技术设施指构成现代化办公系统的各种软、硬件设备和工具，包括计算机软、硬件设备，网络设备和各种常用办公设备等。办公设备的技术性能直接影响到办公自动化系统平台的性能，所以，必须根据具体需求精心选择和配置。

6. 办公环境

办公环境包括物理环境和抽象环境、内部环境和外部环境。物理环境指办公大楼建筑设施情况、位置及综合布线情况等；抽象环境指办公自动化系统在横向和纵向上与左邻右舍及上、下级之间的关系，它形成了一个办公自动化系统的约束条件，在系统分析和系统设计时要全面考虑。

单元二　办公自动化软、硬件构成

一、办公自动化系统的基础构架

OA平台采用基于分层、标准和构件等进行架构。平台架构遵循JEE标准、SOA标准、WFMC标准、W3C xForm标准、JSR168、WSRP等标准。OA平台架构应支持多种部署模式、多种操作系统、各种数据库和中间件，并具备完备的配置体系、接口体系和插件体系，从而支持未来的扩展空间。

OA 平台架构底层是硬件、操作系统及服务器群。底层之上通常采用 5 层架构，即数据库层、服务层、应用层、表现层和用户层。

数据库层主要包括关系数据库和非关系数据库；服务层包括提供服务的各种引擎、工具或接口；数据库层与服务层之间部署各种中间件；应用层包括公文管理、流程规范等各种办公应用系统与各种业务系统；表现层主要包括各种信息门户；用户层包括浏览器、PAD 客户端或 Mobile 客户端等。

随着科学技术的发展和社会竞争环境不断变化，OA 系统的内涵与外延不断拓展，OA 平台内容越来越丰富，功能越来越强大，性能也越来越先进。

二、办公自动化系统的构成

1. 软、硬件环境

办公自动化是以提高办公效率、保证工作质量和舒适性为目标的综合性、多学科的实用技术。一般由计算机、电话机、传真机、文字处理机、声像存储等各类终端设备及相应的软件组成。其内容包括语音、数据、图像、文字信息等的一体化处理。

（1）单机系统模式。单机系统模式适用于小型单位的 OA 系统，一般配置 1 台 PC 来进行一些辅助办公和管理，随着硬件价格下降和 OA 系统的推广使用，这种模式已被微机局域网模式所代替。

（2）微机局域网系统模式。微机局域网是一种中等耦合程度的多机系统，它具有的分布式处理和客户 / 服务器运算环境的特性，代表着当前先进的系统构成模式和发展方向。

（3）系统集成模式。对于一些大型企业或智能建筑中专用楼来说，其 OA 系统地理位置分散，自动化程度要求高，信息处理要求速度快、容量大。

2. 应用层次

OA 系统、信息管理级 OA 系统和决策支持级 OA 系统是广义的或完整的 OA 系统构成中的三个功能层次。三个功能层次间的相互联系可以由程序模块的调用和计算机数据网络通信手段做出。一体化的 OA 系统的含义是利用现代化的计算机网络通信系统把三个层次的 OA 系统集成一个完整的 OA 系统，使办公信息的流通更为合理，减少很多不必要的重复输入信息的环节，以期提高整个办公系统的效率。

（1）第一个层次：事务型办公自动化系统。事务型办公自动化系统只限于单机或简单的小型局域网上的文字处理、电子表格、数据库等辅助工具的应用，是最为普遍的应用，有文字处理、电子排版、电子表格处理、文件收发登录、电子文档管理、办公日程管理、人事管理、财务统计、报表处理、个人数据库等。这种办公事务处理软件包应具有通用性，以便扩大应用范围，提高其利用价值。

另外，在办公事务处理级上可以使用多种 OA 子系统，如电子出版系统、电子文档管理系统、智能化的中文检索系统（如全文检索系统）、光学汉字识别系统、汉语语音识别系统等。

在公用服务业、公司等经营业务方面，使用计算机替代人工处理的工作日益增多，如订票、售票系统，柜台或窗口系统，银行业的储蓄业务系统等。事务型或业务型的 OA 系统的功能是处理日常的办公操作，是直接面向办公人员的。

为了提高办公效率，改进办公质量，适应办公人员的办公习惯，要提供良好的办公操作环境。

（2）第二个层次：信息管理型 OA 系统。信息管理型的办公系统是把事务型办公系统和数据库紧密结合的一种一体化的办公信息处理系统。综合数据库存放该有关单位的日常工作所必需的信息。例如，公司企业单位的综合数据库包括工商法规、经营计划、市场动态、供销业务、库存统计、用户信息等。

（3）第三个层次：决策支持型 OA 系统。决策支持型 OA 系统是建立在信息管理级 OA 系统的基础上。它使用由综合数据库系统所提供的信息，针对所需要做出决策的问题，构造或选用决策数字模型，结合有关内部和外部的条件，由计算机执行决策程序，作出相应的决策。

随着三大核心支柱技术：网络通信技术、计算机技术和数据库技术的成熟，OA 系统已进入到新的层次，在新的层次中其有以下四个新的特点：

①集成化。软硬件及网络产品的集成，人与系统的集成，单一办公系统同社会公众信息系统的集成，组成了“无缝集成”的开放式系统。

②智能化。面向日常事务处理，辅助人们完成智能性劳动，如汉字识别，对公文内容的理解和深层处理，辅助决策及处理意外等。

③多媒体化。包括对数字、文字、图像、声音和动画的综合处理。

④运用电子数据交换（EDI）。通过数据通信网，在计算机间进行交换和自动化处理。

三、办公自动化硬件设备

随着办公自动化的发展，其硬件结构可以分为以下几类：

（1）信息输入和输出设备：是指打印机、扫描仪、数码设备（包括数码相机、数码摄像机、手写输入设备、语音输入设备等）。

（2）信息处理设备：是指各种个人计算机、工作站或服务器等。

（3）信息复制设备：是指复印机、光盘刻录机等。

（4）信息传输设备：是指电话、传真机、计算机局域网、广域网等。

（5）信息存储设备：是指硬盘、移动硬盘、携带方便的 USB 存储设备、光盘存储系统等。

（6）其他辅助设备：是指不间断电源 UPS、移动通信设备、无线网络设备等。

四、办公自动化软件

办公自动化软件分为工具软件、平台软件及系统级应用软件。比较常用的应用软件有文字处理软件，如 Word、WPS 等；电子表格软件，如 Excel、Lotus 等；图形图像处理软件，如 Photoshop、AutoCAD 等；动画制作软件，如 Flash、Animator、3D Studio 等；网页制作软件，如 FrontPage、Dreamweaver 等；课件制作软件，如 PowerPoint 等。另外，还有各种高级语言、汇编语言的编译程序和数据库管理软件，如 VC++、Visual Basic、Visual FoxPro、Delphi、Power Builder 和 Microsoft.NET 等，以及诸如财务管理软件、档案管理软件、各种工业控制软件、商业管理软件、各种计算机辅助设计软件包、各种数字信号处理及科学计算程序包等。

单元三　办公自动化系统设计

一、设计原则

在设计各类办公自动化系统时，一般应遵循的原则：积极稳妥，量力而行，"应用"先上，逐步升级，在系统设计时要统筹规划，注意分期建设，配套发展；在安排上要突出应用，做好服务，稳步实施，在方法上要因地制宜，由小到大，从易到难。

二、设计步骤

办公自动化系统设计根据具体系统的功能要求进行，一般设计步骤如下：

（1）办公事务调查。全面弄清项目的信息量大小、信息的类型、信息的流程和内外信息需求的关系。

（2）办公环境调查。要弄清本部门与相关部门及相关机构之间的关系，了解本部门现在设备配置和办公资源的使用情况、工作能力大小，为系统进行设备配置及选择提供依据。

（3）系统目标分析。根据办公事务需求，分析该 OA 系统初步设计为事务管理，之后逐步完善升级至信息管理、决策管理层面，OA 系统投入使用后将大大提高工作效率，提高管理水平。

（4）系统功能分析。确定为实现系统目标应该具有的所有功能。办公自动化应用体系结构图如图 8-1 所示。

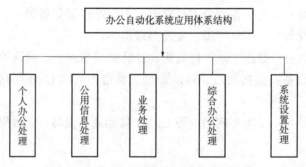

图 8-1　办公自动化系统应用体系结构图

办公自动化系统各子系统的主要功能如下：

（1）个人办公子系统。个人办公系统包括待办事宜、日程安排、消息管理等功能模块，帮助处理日常办公事务，提高了办公效率。

（2）公用信息子系统。公用信息子系统包括通知公告、收发公文等功能模块，及时了解新信息、新动态。

（3）业务处理子系统。业务处理子系统包括采购审批、工作联系单等功能模块，提高了业务办理效率。

（4）综合办公子系统。综合办公子系统包括会议室管理、物品领用和入库等功能模块，实现了合理分配和物品使用情况管理。

（5）系统设置子系统。个人可以为 OAS 设置个性桌面。

OA 系统的应用改变了过去复杂、低效的手工办公及人为管理的方式，具有减少纸张浪费、提高办公效率、规范管理流程、快速共享信息、方便相互沟通、有助相互监督、提供决策依据等优点。办公自动化技术是对传统办公方式的变革，是衡量一个国家社会信息化程度的重要标志之一。

模块小结

办公自动化技术是对传统办公方法的改变，也是衡量一个国家社会信息化程度的重要指标之一。一般情况下，可以被理解为一个过程，即人们在办公室中使用，为了更加快速便捷地获取办公室信息，操纵办公信息以完成某些事务活动的过程。因此，随着时代的不断进步，办公系统也在不断迭代升级。随着新技术的广泛应用，办公自动化系统是对传统办公方式的一种改变，对办公人员提出了新的要求，主要是对办公室的适应能力以及基础技术和能力的要求。一个成功的办公自动化系统必然需要一个由高素质的专业和领导人员组成的团队。

复习与思考题

1. 办公自动化的英文名称是什么？其简称是什么？
2. 办公自动化系统硬件设备是什么？
3. 办公自动化系统的功能有哪些？
4. 按照所使用的办公设备和技术的高低划分，办公自动化系统的发展经历了哪些阶段？并简述其特点。

参 考 文 献

［1］王正勤 . 楼宇智能化技术［M］. 北京：化学工业出版社，2015.

［2］沈瑞珠 . 楼宇智能化技术［M］.2 版 . 北京：中国建筑工业出版社，2013.

［3］油飞 . 建筑智能化技术实用教程［M］. 天津：天津科学技术出版社，2021.

［4］梅晓莉，王波 . 建筑设备监控系统［M］. 重庆：重庆大学出版社，2022.

［5］王用伦 . 智能楼宇技术［M］.2 版 . 北京：人民邮电出版社，2014.

［6］中华人民共和国住房和城乡建设部，中华人民共和国国家质量监督检验检疫总
局 .GB/T 50314—2015 智能建筑设计标准［S］. 北京：中国计划出版社，2015.

［7］秦兆海，周鑫华 . 智能楼宇技术设计与施工［M］. 北京：清华大学出版社，北
方交通大学出版社，2003.

［8］董春利 . 建筑智能化系统［M］. 北京：机械工业出版社，2006.

［9］沈晔 . 楼宇自动化技术与工程［M］. 北京：机械工业出版社，2005.

［10］梁华 . 智能建筑弱电工程施工手册［M］. 北京：中国建筑工业出版社，2006.

［11］郑李明，徐鹤生 . 安全防范系统工程［M］. 北京：高等教育出版社，2006.

［12］王公儒 . 综合布线工程实用技术［M］. 北京：中国铁道出版社，2011.

［13］许锦标，张振昭 . 楼宇智能化技术［M］.3 版 . 北京：机械工业出版社，2010.

［14］苏小林 . 计算机控制技术［M］. 北京：中国电力出版社，2004.

［15］王秉均 . 现代通信原理［M］. 北京：人民邮电出版社，2006.

［16］王建华 . 计算机控制技术［M］. 北京：高等教育出版社，2003.

［17］姚卫丰 . 楼宇设备监控及组态［M］. 北京：机械工业出版社，2008.